电气专业系列培训教材

电 机 学

主 编 陈杨明 王艳萍 纪 真

参 编 曲 洋 张 博 杨璟天

刘万强 杨 帆

中国电力出版社

CHINA ELECTRIC POWER PRESS

内 容 提 要

本书为衡真教育集团组织编写的系列图书之一，全书共四章，包括磁路、变压器、同步电机和异步电机。

本书主要作为相关考试参考教材，也可作为电气工程及其自动化专业、自动化专业、测控专业、通信专业、计算机专业等，以及其他电气、电子相关专业的教材，也可供有关科技人员作为参考。

图书在版编目（CIP）数据

电机学/陈杨明，王艳萍，纪真主编 . —北京：中国电力出版社，2024.6
ISBN 978－7－5198－8949－4

Ⅰ.①电…　Ⅱ.①陈…②王…③纪…　Ⅲ.①电机学　Ⅳ.①TM3

中国国家版本馆 CIP 数据核字（2024）第 104980 号

出版发行：中国电力出版社
地　　址：北京市东城区北京站西街 19 号（邮政编码 100005）
网　　址：http://www.cepp.sgcc.com.cn
责任编辑：罗晓莉（010－63412547）
责任校对：黄　蓓　朱丽芳
装帧设计：赵姗姗
责任印制：吴　迪

印　　刷：三河市百盛印装有限公司
版　　次：2024 年 6 月第一版
印　　次：2024 年 6 月北京第一次印刷
开　　本：787 毫米×1092 毫米　16 开本
印　　张：6.5
字　　数：156 千字
定　　价：30.00 元

编委会

前言

电气工程及其自动化专业是强电（电为能量载体）与弱电（电为信息载体）相结合的专业，要求掌握电机学、电力电子技术、电力系统基础、高电压技术、供配电与用电技术等核心内容。为了帮助学生高效完成专业学习，衡真教育集团组织编写了《电机学》《电力系统分析》《继电保护原理》《高电压技术》《电路原理》《电力电子技术》和《电气设备及主系统》七种教材。

本系列教材旨在帮助读者梳理相关课程知识点，进一步提升理论知识水平。希望本系列教材能为电气工程及其自动化领域的学习者提供基础理论与核心知识，助力读者夯实基础，通晓理论。

本系列教材具有如下特点：

（1）内容全面，精准对接电气专业课程需求，涵盖必备学科知识，并融入相关考试要点，助力学习与考前冲刺。

（2）指导性强，在内容安排上针对专业学习和相关考试内容进行精挑细选，确保紧扣专业核心知识。

（3）注重互动性，包含精选习题、笔记区等互动元素，调动读者积极思考所学知识，辅助读者更好理解和掌握知识框架，供读者进行自我检测，加深知识理解程度实现知识点汇总，提供不同层次的互动体验。配合衡真教育集团的在线题库系统可巩固所学知识，感兴趣的读者可以前往练习。

（4）注重可读性，语言文字表达清晰，图表插图辅助说明，使得复杂的概念易于理解，提高读者的阅读兴趣。

（5）逻辑性强，按照由浅入深、由易到难的原则编写，清晰地解释各个知识点之间的关联，内容组织严谨，逻辑清晰，有助于读者建立完整的知识体系，形成对知识的整体把握。

本书内容分为四章，主要内容包括磁路、变压器、同步电机以及异步电机四个章节。第1章介绍了什么是磁路，磁路与电路的对比原理，电抗的判断方法，铁磁材料的特点。第2章介绍了变压器的结构和分类，变压器的工作原理，变压器的等值电路，变压器的运行特性，变压器并联运行的要求以及变压器的励磁涌流。第3章介绍了同步电机的绕组结构，旋转磁场理论，同步电机的工作原理，同步电机的等值电路图，同步电机励磁调节方式，同步电机实验参数测定，同步电机的特性曲线，同步电机并网运行以及同步电机的非正常运行和谐波分析。第4章介绍了异步电机结构和工作原理，异步电机的等值电路图，异步电机的功率流程图，异步电机的机械特性，异步电机的起动，调速和制动。

本书在编写过程中，获得了衡真教研组全体教师的鼎力支持，并且参考借鉴了国内外多部电气工程领域的教材与专著。在此，我们向所有为本书贡献智慧和心血的老师们表达深深的谢意。

　　教材虽成，然仍存不足，受限于编者之水平与时间，或有疏漏，恳请读者不吝赐教，指正本书的不足之处。我们深知学术之路永无止境，愿与读者携手共进，不断修正、完善。

编　者

2024 年 4 月

目录

第1章

磁　　路

变压器磁路示意图如图1.1所示，只要在励磁绕组中通以励磁电流，就会产生磁通。若励磁电流为直流，则产生不随时间变化的直流磁通；若励磁电流为交流，则产生随时间变化的交流磁通。

磁路：磁通所通过的路径称为磁路。

主磁通：在能量传递或转换中起到耦合作用的部分为主磁通。以变压器为例，主磁通既交链一次侧，也交链二次侧，是能量沟通的桥梁。路径为铁芯。

漏磁通：杂散在铁芯和铁芯周围的空间，只交链一侧，不能起到能量传递的作用。路径为空气或变压器油。

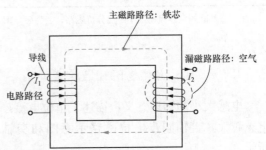

图1.1　变压器磁路示意图

1.2.1　磁路的欧姆定律与电路的欧姆定律对比

磁路欧姆定律和电路欧姆定律对比图如图1.2所示。

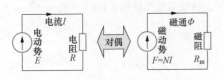

图1.2　磁路欧姆定律和电路
　　　欧姆定律对比图

相关基本概念及公式：

（1）磁通 Φ（单位 Wb，韦伯）：$\Phi = BS$

式中　B——磁感应强度；

　　　S——磁路的横截面积。

（2）磁感应强度 B（单位 T，特斯拉）

$$B = \mu H$$

式中 μ——材料的磁导率，真空的磁导率为 $4\pi \times 10^{-7}$ H/m。

电机常用的铁磁性材料导磁性很强，是非铁磁材料的 2000～8000 倍。空气为非铁磁材料。

（3）磁场强度 H（单位：A/m；安/米）。

（4）磁动势 F：$F = NI$（单位：A；安）。

式中　I——励磁电流；

　　　N——励磁绕组的匝数。

（5）磁阻 R_m（部分图书使用 $\mathscr{R}$）（单位 A/Wb）：$R_\mathrm{m} = \dfrac{l}{\mu S}$

式中 l——磁路长度；μ——磁导率。

磁路欧姆定律与电路欧姆定律的对应关系，如表 1.1 所示。

表 1.1 　　　　　　　　　　　磁路欧姆定律与电路欧姆定律的对应关系

电路	磁路
电动势 E	磁动势 $F = NI$
电流 I	磁通 Φ
电阻 R	磁阻 R_m
电路的欧姆定律：$E = IR$	磁路的欧姆定律：$F = \Phi R_\mathrm{m}$

注：磁路欧姆定律只能用于定性分析磁路，因为磁导率 μ 不是常数，会随着铁芯的饱和程度而变化，故 R_m 也不是常数。

1.2.2　电抗及电感的物理意义

电感大小的物理意义：描述了单位电流产生磁场的能力，单位电流产生磁场能力越强，电感越大。直轴同步电抗磁路示意图和交轴同步电抗磁路示意图分别如图 1.3 和图 1.4 所示。

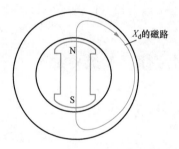 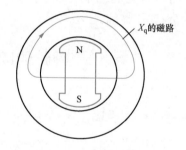

图 1.3　直轴同步电抗磁路示意图　　图 1.4　交轴同步电抗磁路示意图

$$X = \omega L$$

式中　L ——电感，$L = \dfrac{N^2}{R_\mathrm{m}}$。

1. 励磁电抗的大小分析

励磁电抗判断的公式：$X_\mathrm{m} = 2\pi f \dfrac{N^2}{R_\mathrm{m}}$。

由此可见，电抗的大小与线圈匝数的平方及频率成正比，与磁阻成反比。

铁芯饱和时，磁阻变大，励磁电抗变小。

应用分析一：根据磁路长度判断凸极同步电动机 X_d 和 X_q 的大小。由分析可知，X_d 和 X_q 磁路长度相同，但是 X_q 所经历的气隙部分较长，磁阻较大，因此 X_d 大于 X_q。

应用分析二：根据磁路长度判断次暂态电抗 X_d''、暂态电抗 X_d' 和稳态电抗 X_d 的大小关系。

稳态、暂态、次暂态电抗磁路示意图如图 1.5 所示。次暂态电抗 X_d''、暂态电抗 X_d' 和稳态电抗X_d的磁路长度不同，根据本节公式，磁路越长，磁阻越大，电抗越小。因此，X''_d，X'_d，X_d的大小关系为$X_d > X'_d > X''_d$。

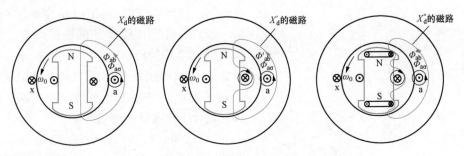

图 1.5　稳态、暂态、次暂态电抗磁路示意图

2. 漏磁电抗的大小分析

漏磁电抗判断的公式：$X_\sigma = 2\pi f \dfrac{N^2}{R_\sigma}$。

漏磁所走磁路为空气，不会饱和，因此铁芯的变化不影响漏磁电抗的大小。

如铁芯材料发生变化，或者由于过电压导致的铁芯饱和不会影响漏磁电抗的大小。

漏抗与两个线圈耦合紧密程度有关，两个线圈联系越紧密，漏磁越少，漏磁电抗也越小。

课堂练习[1]

(1) 其他设计不变，当铁芯由磁导率低的热轧硅钢片变为相对磁导率高的冷轧硅钢片时，励磁电抗将（　　）。

A. 变大　　　　　　B. 变小　　　　　　C. 不变　　　　　　D. 无法判断

(2) 其他设计不变，当铁芯由相对磁导率低的热轧硅钢片变为相对磁导率高的冷轧硅钢片时，漏磁电抗将（　　）。

A. 变大　　　　　　B. 变小　　　　　　C. 不变　　　　　　D. 无法判断

(3) 影响变压器一次侧漏抗的是（　　）。

A. 铁芯磁阻　　　　　　　　　　　B. 频率

C. 磁路饱和的程度　　　　　　　　D. 负荷功率因数

1.3　磁化曲线、铁磁材料和铁芯损耗　A 类考点

1. 磁化曲线

未被磁化的铁磁材料放在磁场中，增大励磁电流 I（或增大 H）时，材料中的磁感应强度 B（或磁通量 Φ）会发生相应的变化，典型的磁化曲线如图 1.6 所示。磁化曲线的斜率即为磁导率。

由图 1.6 可见，铁磁材料的磁导率不是恒定值，而是随着磁化程度而变化的。磁化曲线

---

❶ 注：本书未注明题型均为单项选择题。

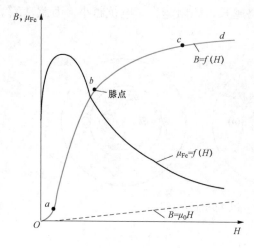

图 1.6　铁磁材料的磁化曲线

可以分为以下四个区域。

（1）起始区。开始磁化时，外磁场较弱，磁通密度增加得较慢，如图 1.6 中区域 Oa 段。

（2）线性区。随着外磁场的增强，材料内部大量磁畴开始转向，趋向于外磁场方向，此时 B 值增加得很快，如图 1.6 中的 ab 段所示。ab 段的磁化曲线接近于直线。变压器、电动机一般设计工作在膝点附近。

（3）饱和区。若外磁场继续增加，大部分磁畴已趋向于外磁场方向，可转向的磁畴越来越少，B 值增加得越来越慢，如图 1.6 中的 bc 段所示，这种现象称为饱和。进入饱和区后，材料的相对磁导率变小，磁阻增大，励磁电抗变小，铁芯损耗（简称铁耗）增大。

（4）饱和以后，磁化曲线基本上将成为与非铁磁材料的 $B=\mu_0 H$ 特性相平行的直线，如图 1.6 中的 cd 段所示。

2．磁滞回线

若励磁电流为交流电，对铁磁材料不断进行反复磁化，则 $B-H$ 曲线便是一条封闭的曲线，称为磁滞回线，如图 1.7 所示。

3．软磁材料

如图 1.7 中虚线部分的磁滞回线。磁滞回线窄而长，剩磁小，磁滞损耗小，适合制作变压器铁芯。典型材料如硅钢片、铸铁、铸钢和坡莫合金等都属于软磁材料。电动机和变压器中常用的电工硅钢片，其含硅量越高，铁耗越小。

4．硬磁材料

如图 1.7 中实线部分的磁滞回线。磁滞回线宽而短，剩磁大，磁滞损耗大，用于制作永磁铁。如铝镍钴合金和稀土合金均属于硬磁材料。

5．磁滞损耗

若励磁电流为交流电，铁磁材料被反复磁化，磁畴之间不停地摩擦，消耗能量，称为磁滞损耗。磁滞损耗与磁滞回线所包围的面积成正比例关系。硬磁材料磁滞损耗大，软磁材料磁滞损耗小。磁滞损耗与频率成正比。

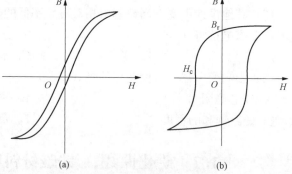

图 1.7　软磁和硬磁材料的磁滞回线
（a）软磁材料；（b）硬磁材料

$p_{磁滞} \propto fB_m^n$，对于一般电工钢片，$n=1.6\sim2.3$。

6．涡流损耗

涡流损耗示意图如图 1.8 所示，当励磁电流为交流电时，会产生变化的磁场，变化的磁场在铁磁材料中感应出涡流，产生发热。涡流损耗与频率的平方、磁感应强度幅值的平方成正比。$p_{涡流} \propto f^2 B_m^2 \dfrac{d^2}{\rho}$。

减小涡流损耗的方式如下：

（1）在钢材料中加入少量的硅，以增加铁芯材料的电阻率。

（2）采用冲片系数良好的材料，做出许多薄片然后进行叠压，以代替整块铁芯。

7. 铁芯损耗

铁芯损耗包括磁滞损耗和涡流损耗，典型硅钢片 $p_{Fe} \propto f^{1.3} B_m^2$。当材料发生改变时，如采用新型铁芯材料，则频率 f 的指数会发生变化，一般在 1.2～1.6。

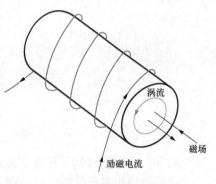

图 1.8　涡流损耗

课堂练习

（4）由于电网过电压，变压器饱和后，其励磁电抗和漏磁电抗说法正确的是（　　）。

A. 励磁电抗变大，漏磁电抗变小　　　　B. 励磁电抗变大，漏磁电抗变大

C. 励磁电抗变大，漏磁电抗不变　　　　D. 励磁电抗变小，漏磁电抗不变

（5）变压器铁芯所采用的材料为（　　）。

A. 硬磁材料　　　　B. 软磁材料　　　　C. 有机材料　　　　D. 其他材料

第2章

变 压 器

2.1 变压器的结构 A 类考点

2.1.1 变压器分类

通常,变压器有如下几种分类方法。

(1) 按绕组进行分类。有自耦变压器(单绕组)、双绕组变压器、多绕组变压器(三绕组及以上)三种。

(2) 按相数进行分类。有单相变压器、三相变压器两种。

(3) 按调压方式进行分类。有无载调压(无励磁调压)、有载调压(有励磁调压)两种。

(4) 按冷却介质进行分类。有干式变压器、油浸式变压器两种。其中:

1) 干式变压器。依靠空气对流进行冷却。

2) 油浸式变压器。依靠油作为冷却介质。

(5) 按冷却方式进行分类。有油浸自冷(Oil Natural Air Natural,ONAN)、油浸风冷(Oil Nataral Air Forced,ONAF)、强迫油循环风冷(forced - oil and forced - air cooled type,OFAF)、强迫油循环水冷(forced - oil and water cooled type,OFWF)4 种。强迫油循环是用油泵将变压器中的热油抽到变压器外的冷却器中,待冷却后再送入变压器。冷却器可以循环水冷却或风冷却。

(6) 按铁芯形式进行分类。有芯式变压器、壳式变压器两种。

1) 芯式变压器:常用于高压的电力变压器,如图 2.1 所示。

2) 壳式变压器:散热好,常用于大电流的特殊变压器,如电炉变压器、电焊变压器,如图 2.2 所示。

图 2.1 芯式变压器

图 2.2 壳式变压器

2.1.2 变压器的结构

油浸式电力变压器如图 2.3 所示。油浸式电力变压器的主要结构可分为以下几部分。

1. 器身

包括铁芯、绕组。

2. 油箱

包括油箱本体和一些附件（如放油阀门、小车、接地螺栓、铭牌等）。为了增加散热面积，一般在油箱上装有散热片。油箱作为变压器的外壳，起着冷却、散热和保护的作用。

变压器油有两个作用：①绝缘；②冷却。

3. 储油柜，也称为油枕

储油柜在油箱的顶部，用连通管与油箱相连，侧面装有油位计，中后部还装有吸湿器。储油柜可以补充油量，为变压器油的热胀冷缩及损耗提供补给，同时可以减少油与空气的接触面积，从而降低油受潮和氧化的程度。

4. 吸湿器

储油柜内的油通过吸湿器与大气连通，内装有硅胶，可以吸收空气中的水分，以保持变压器内部油和绕组的良好绝缘性能。

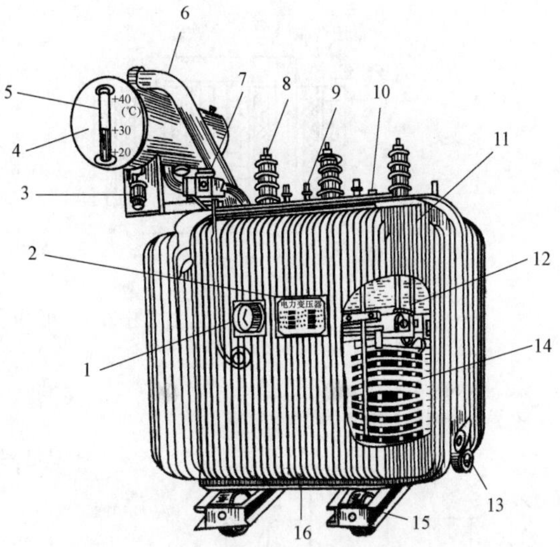

图 2.3　油浸式电力变压器

1—信号式温度计；2—铭牌；3—吸湿器；4—储油柜；5—油表；6—安全气道；7—气体继电器；8—高压套管；9—低压套管；10—分接开关；11—油箱；12—铁芯；13—放油阀门；14—绕组及绝缘；15—小车；16—接地板

5. 防爆管

当变压器内部发生严重故障时，会大量释放气体，为了使气体尽快释放压力，因此设计有防爆管，以避免油箱发生爆炸。

6. 气体继电器

安装在油箱和储油柜之间的连接管道上，是变压器的主保护之一。当变压器内部发生故障时，由于绝缘被破坏而分解出来的气体会通过气体继电器发出报警信号。

7. 绝缘套管

固定引出线，并保证引出线与引出线之间、引出线与油箱之间的绝缘。

8. 分接开关

通过改变高压绕组分接开关位置来调节输出电压，由于高压绕组电流小、导线细，且装在低压绕组的外侧，容易引出抽头，因此分接开关一般装设在高压侧，分接开关分为无载（无励磁）分接开关和有载分接开关两类。

9. 变压器绕组和铁芯

变压器绕组结构常分为同心式和交叠式，如图 2.4 所示。

（1）铁芯：磁路部分。

为了减少铁芯损耗，常采用 0.35mm 或 0.5mm 厚、表面涂有绝缘漆的硅钢片叠装而成。

1）铁芯柱：铁芯柱上装有绕组。

2）铁轭：形成闭合磁路。

7

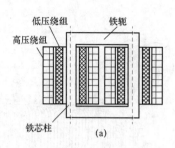
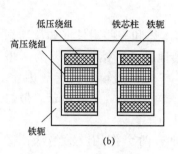

图 2.4　变压器绕组结构

（a）同心式；（b）交叠式

（2）绕组：电路部分。

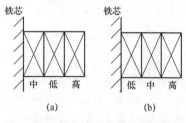

图 2.5　三绕组变压器绕组排列结构

（a）升压变压器；（b）降压变压器

由铜导线绕制而成，一般采用漆包线或绝缘纸包的扁铜。

一次绕组为电源侧，也称为原边；二次绕组为负载侧，也称为副边。

电压高的一侧为高压侧，电压低的一侧为低压侧。

注意：高压侧不一定是一次侧。

对于三绕组变压器而言，升压变压器和降压变压器的绕组排列的结构是不同的，如图 2.5 所示。

2.1.3　变压器的铭牌额定值

常用 10kV 配电变压器的铭牌如图 2.6 所示，

配电变压器

产品型号 S20－M·RL－50/10－NX2			GB/T 1094.1~2-2013	
额定容量　　50 kVA		标准代号	GB/T 1094.3－2017	
额定电压及分接范围（10±2×2.5%）/0.4kV			GB/T 1094.5－2008	
额定电流　2.89/72.2 A			GB/T 6451－2015	
额定频率　　50Hz　　相数　　3相			GB　20052－2020	
冷却方式　ONAN　使用条件　户外式		产品代号	1SGCC.710.070401	
联结组别标号 Dyn11　　短路阻抗　4.14 %		分接位置	高压分接电压（V）	损耗实测值
绝缘水平：		1	10500	空载损耗　86 W
h.v.线路端子 Um/LI/AC 12/75/35kV		2	10250	负载损耗 688 W
l.v.线路端子 Um/LI/AC≤1.1/－/5kV		3	10000	温升限值
l.v.中性点端子 Um/LI/AC≤1.1/－/5kV		4	9750	顶层油升　55K
绝缘油种类I－10℃ 变压器油GB2536－2011		5	9500	绕组温升　60K
绝缘油质量　　100kg　　　器身质量　　290kg			总质量　　470kg	
出厂序号　230014			制造年月　2023.4	

图 2.6　常用 10kV 配电变压器的铭牌

主要参数解析如下。

（1）额定容量S_N：是指变压器的输出视在功率。就三相变压器而言，则是指三相容量之和。铭牌所标注的值以千伏安（kVA）为单位。

（2）额定电压U_N：是指各绕组电压的额定值。一次侧额定电压U_{1N}由电网决定，当一次侧电压为额定电压，二次侧空载时的电压则被定义为二次侧额定电压U_{2N}。三相变压器指的是线电压。以伏（V）或千伏（kV）为单位。

（3）额定电流 I_N：以 S_N 和 U_N 计算出来的线电流值即为额定电流。

三相变压器无论是 Y 连接，还是 △ 连接，其计算公式均为 $I_N = \dfrac{S_N}{\sqrt{3}U_N}$。

单相变压器，其计算公式为 $I_N = \dfrac{S_N}{U_N}$，其中，S_N 为单相容量。

（4）额定变比 k：是指变压器高压侧匝数与低压侧匝数的比，为高压侧与低压侧相电压之比。

【例 2.1】　某降压三相变压器额定容量 $S_N = 100\mathrm{kVA}$，额定电压为 $U_{1N}/U_{2N} = 10/0.4\mathrm{kV}$，Dyn11 接法。试求：

（1）变压器一、二次侧相电压；

（2）一、二次侧额定电流；

（3）一、二次侧相电流；

（4）变压器变比 k。

笔记

课堂练习

（1）变压器磁路所采用的材料一般为（　　）。

A. 铜　　　　　　　B. 铝　　　　　　　C. 硅钢片　　　　　　D. 绝缘纸

（2）变压器电路所采用的材料一般为（　　）。

A. 铜　　　　　　　B. 铝　　　　　　　C. 硅钢片　　　　　　D. 绝缘纸

（3）三相变压器额定容量为 31500kVA，额定电压为 110kV/35kV，YNd11 接线，则一次侧额定电流为（　　）。

A. 165.3A　　　　　B. 286.4A　　　　　C. 519.6A　　　　　D. 900A

（4）升压变压器从铁芯开始绕组排列顺序依次为低、中、高。（　　）

A. 正确　　　　　　　　　　　　B. 错误

2.2 变压器的工作原理及等值电路 A 类考点

2.2.1 变压器的工作原理

变压器的工作原理（见图 2.7）是电磁感应定律。两个互相绝缘的绕组套在同一个铁芯

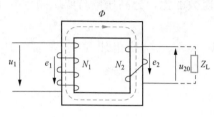

图 2.7 变压器的工作原理

上，绕组之间只有磁的耦合而没有电的联系。当一次绕组通交流电的时候，铁芯中将产生与外加电压频率相同的交变磁通。根据电磁感应定律，每匝绕组产生的电动势相同，通过改变一、二次侧绕组的匝数，便可以改变二次侧的电压。二次侧有了电动势，便可以向负载输出电能。

2.2.2 变压器的等值电路

1. 等值原理及变压器的 T 型等值电路

为了更方便地对变压器进行电学分析，需要将实际变压器进行电学等效，常用的变压器 T 型等值电路图如图 2.8 所示。

（1）发热，消耗有功功率的部分用电阻等效。

1）一次绕组（一般用铜线）的电阻用 R_1 表示，R_1 所消耗的能量称为一次侧铜耗。

2）二次绕组自身电阻用 R_2 表示。R_2 所消耗的能量称为二次侧铜耗；一次侧铜耗与二次侧铜耗合称为变压器铜损。

3）铁芯部分的发热（磁滞损耗＋涡流损耗引起）用电阻 R_m 表示，R_m 称为励磁电阻。R_m 所消耗的能量称为变压器铁损。

（2）磁场，消耗无功功率的部分用电抗等效。

1）一次侧的漏磁 $\Phi_{1\sigma}$ 只与一次绕组交链，无能量传递作用，只置于一次侧，用 $X_{1\sigma}$ 表示。

2）二次侧漏磁 $\Phi_{2\sigma}$，只与二次绕组交链，无能量传递作用，只置于二次侧，用 $X_{2\sigma}$ 表示。

3）主磁通 Φ_m，既与一次绕组交链，又与二次绕组交链，起到能量传递的作用，放置在共同支路。用 X_m 表示。

变压器漏电抗 $X_{1\sigma}$、$X_{2\sigma}$：即短路电抗，表示变压器一次漏抗和二次漏抗的和。

$$X_{1\sigma}=2\pi f\frac{N_1^2}{R_\sigma}, \quad X_{2\sigma}=2\pi f\frac{N_2^2}{R_\sigma}$$

变压器漏磁所走的路径为空气，不受铁芯饱和的影响。

变压器漏抗的影响因素有：①与匝数的平

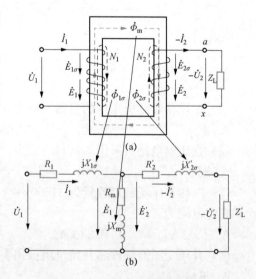

图 2.8 变压器 T 型等值电路图
（a）变压器负载运行示意图；
（b）变压器 T 型等值电路图

方和频率成正比；②与线圈耦合的紧密程度有关，越紧密，漏抗越小。

变压器励磁电抗 X_m（也称为激磁电抗）：

$$X_m = 2\pi f \frac{N_1^2}{R_m}$$

变压器励磁电抗所走的路径为铁芯，受铁芯饱和的影响。

变压器励磁电抗的影响因素有：①与一次匝数的平方成正比；②与频率成正比；③与主磁路磁阻成反比。铁芯饱和后，磁阻增大，励磁电抗变小。

（3）建立一、二次侧之间的电联系进行绕组折算。

为了去耦合，直接建立一、二次侧的电联系，对二次侧参数进行折算。折算就是把二次绕组的匝数看成与一次绕组的匝数相等时，对二次回路各参数进行的调整。折算原则是折算前后二次磁动势不变、二次各部分功率不变，以保持变压器内部电磁关系不变。

折算的规律：

笔记

2. 变压器的 Γ 型等值电路

变压器的 Γ 型等值电路如图 2.9 所示。

由于励磁支路的电流比一、二次侧的额定电流小得多（5% 以下），因此工程上可以将励磁支路移到左侧。

注：电路上并不完全等效，只是满足工程上的需求。

3. 变压器的简化等值电路

励磁电流占额定电流比例相对来说非常小，近似计算时可以忽略励磁支路，从而得到变压器的简化等值电路。

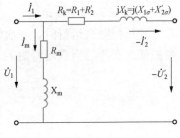

图 2.9　变压器的 Γ 型等值电路

笔记

4. 变压器的 π 型等值电路

变压器的 π 型等值电路如图 2.10 所示，在采用计算机对电力系统进行潮流计算时，为了避免参数归算，因此引入具有电压变换功能的 π 型变压器等值模型。

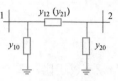

图 2.10　变压器的
π 型等值电路

总结：

（1）变压器一共有 4 种等值电路，即 T 型、Γ 型、简化、π 型。

（2）T 型、Γ 型、简化模型中的每个参数都有物理意义，但都不能反映变压器的电压变换功能。

（3）π 型等值模型里的参数是数学上的二端口等效，参数无直接的物理意义，但可以反映变压器的电压变换功能。

课堂练习

（5）仅和一次侧绕组交链的磁通为（　　）。

A. 主磁通　　　　　　　　　　　　B. 一次侧漏磁通

C. 二次侧漏磁通　　　　　　　　　D. 匝磁通

（6）变压器等值电路中的 R_m 所表示的物理意义为（　　）。

A. 变压器铜损　　　　　　　　　　B. 变压器铁损

C. 变压器无功损耗　　　　　　　　D. 变压器总发热

（7）主磁通是指交链一、二次绕组，能够传递能量的磁通。（　　）

A. 正确　　　　　　　　　　　　　B. 错误

（8）变压器的 T 型和 π 型等值模型都能体现变压器的电压变换功能。（　　）

A. 正确　　　　　　　　　　　　　B. 错误

2.2.3　变压器的空载、负载运行

1. 变压器的空载运行

变压器空载运行时，一次绕组流过的电流称为空载电流，该电流产生空载磁动势，建立主磁通。变压器空载运行时的等值电路如图 2.11 所示。

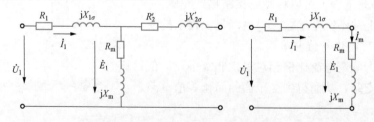

图 2.11　变压器空载运行时的等值电路

（1）空载电流的作用。空载电流主要用来产生磁场，故也称为励磁电流。根据空载时能量损耗特征，空载电流可以分解为磁化分量和铁耗分量两部分。磁化分量建立磁场，与主磁通同相位，是无功分量；铁耗分量对应于磁滞和涡流损耗，是有功分量。

（2）空载电流的性质。主要是感性的无功电流，空载时功率因数很小。

（3）空载电流的大小。空载电流的大小与外加电压，一次绕组的匝数，铁芯材料的性

质、尺寸及饱和程度有关。由于变压器铁芯磁阻较小，因此建立磁通所需要的空载电流很小，一般为一次额定电流的 5% 以下，变压器实验空载电流百分比 $I_0\%$ 即为这个值。铁芯性能越好，空载电流所占的比例就越小；与不同容量的变压器相比，变压器容量越大，空载电流所占的比例就越小。

（4）空载电流的决定因素分析。根据 $U_1 \approx E_1 = 4.44 f N_1 \Phi_{\mathrm{m}}$ 及 $N_1 I_{\mathrm{m}} = \Phi_{\mathrm{m}} R_{\mathrm{m}}$，可知空载电流的大小与以下几个因素有关：

笔记

2. 变压器的负载运行

变压器负载运行时的等值电路如图 2.12 所示。

变压器从空载运行到负载运行，电源电压不变，主磁通基本不变，负载后的合成磁动势为一次侧磁动势与二次侧磁动势之和，等于空载磁动势。即 $N_1 \dot{I}_1 + N_2 \dot{I}_2 = N_1 \dot{I}_0$，则有

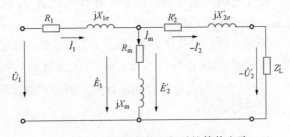

图 2.12　变压器负载运行时的等值电路

$$\dot{I}_1 = \dot{I}_0 + \left(-\frac{N_2}{N_1}\right)\dot{I}_2$$

$$= \dot{I}_0 + \left(-\frac{\dot{I}_2}{k}\right) = \dot{I}_0 + \dot{I}_{1\mathrm{L}}$$

（1）变压器负载运行时的磁势平衡。变压器从空载运行到负载运行，电源电压不变，主磁通基本不变，因而负载运行时的合成磁动势基本上等于空载磁动势。负载运行时，一次绕组的电流包含以下两个分量，即励磁分量 I_0，用来建立主磁通；负载分量 $I_{1\mathrm{L}}$，用来平衡二次侧磁动势的影响。

（2）变压器负载运行时的一次电流随二次电流变化而变化。负载增大，二次电流增大，一次电流也随之增大。

（3）无论变压器负载程度多大，变压器正常运行时，U_1 总保持不变，f 也不变，且根据 $U_1 \approx 4.44 f N_1 \Phi_{\mathrm{m}}$，主磁通 Φ_{m} 基本不变，即 I_{m} 基本不变。

（4）所带负载越大，I_2 的值越大。可以采用 I_2 的标幺值 I_2^* 表示变压器负载程度，并引入负载率 $\beta = S_2/S_N = I_2/I_{2N} = I_2^*$ 作为衡量指标，并根据 β 的值可以判断变压器所处的状态。

（5）由于变压器的等值电路为感性电路，因此变压器从电网吸收无功功率。

课堂练习

（9）空载电流又称为励磁电流，主要用来建立（　　），主要属于（　　）电流。

A. 漏磁通，有功　　　　　　　　　　B. 主磁通，有功

C. 漏磁通，无功　　　　　　　　　　D. 主磁通，无功

（10）变压器空载运行时，励磁主要的电流是（　　）。

A. 无功电流　　　B. 负载电流　　　C. 有功电流　　　D. 不确定

（11）变压器接入负载运行后，关于一次绕组与二次绕组磁动势之间的关系，描述正确的是（　　）。

A. 一次绕组的磁动势大于二次绕组的磁动势且方向相同

B. 一次绕组的磁动势小于二次绕组的磁动势且方向相同

C. 一次绕组的磁动势与二次绕组的磁动势大小相等、方向相反，互相抵消

D. 一次绕组磁动势与二次绕组磁动势之和为一次绕组的励磁磁动势

2.2.4　变压器过励磁（非正常运行）

由于电网过电压或者低频，导致主磁通 $\dot{\Phi}_m$ 过大，因此变压器铁芯进入饱和运行状态，这是一种非正常运行状态。

原因分析：在变压器负载运行时介绍过，额定电压、额定频率正常运行时，无论负载多大，主磁通 $\dot{\Phi}_m$ 基本保持不变。但当改变电压、频率后，根据公式 $U_1 \approx E_1 = 4.44 f \Phi_m N_1$ 可知，当 U_1 过电压或者 f 低频运行时，可导致 $\dot{\Phi}_m$ 过大。

过励磁总结：

笔记

课堂练习

（12）变压器在电压或频率升高时可能造成变压器的铁芯饱和称为变压器过励磁（　　）。

A. 正确　　　　　　　　　　　　　　B. 错误

（13）如果变压器的电压和频率都增加5%时，穿过铁芯的主磁通（　　）。

A. 增加　　　　　　　　　　　　　　B. 减小

C. 基本不变　　　　　　　　　　　　D. 都有可能

2.3　标幺值　A 类考点

2.3.1　标幺值的定义

$$标幺值 = \frac{实际值（任意单位）}{基值（与实际值同单位）}$$

标幺值没有量纲，用"$*$"表示，如U^*、I^*。

变压器的模型是单相的，在电机学中涉及变压器参数的计算时，其基准值都选为相值：

(1) 电压的基准值选一次或者二次的额定相电压$U_{1N\phi}$、$U_{2N\phi}$。

(2) 电流的基准值选一次或者二次的额定相电流$I_{1N\phi}$、$I_{2N\phi}$。

(3) 阻抗和功率的基准值由$U_{1N\phi}$、$I_{1N\phi}$决定。

$$Z_{1B} = \frac{U_{1N\phi}}{I_{1N\phi}}, \quad Z_{2B} = \frac{U_{2N\phi}}{I_{2N\phi}}, \quad S_N = \sqrt{3}U_N I_N = 3U_{N\phi}I_{N\phi} \text{（三相）}, \quad S_N = U_{N\phi}I_{N\phi} \text{（单相）}$$

2.3.2　采用标幺值的特点及其优缺点

(1) 采用标幺值线、相不分。

如对于三相星形连接变压器，$U_线 = \sqrt{3}U_相$，但$U_线^* = U_相^*$。这是因为

$$U_线^* = \frac{U_线}{U_{线B}} = \frac{\sqrt{3}U_相}{\sqrt{3}U_{相B}} = U_相^*$$

(2) 采用标幺值三相、单相不分。$P_{三相} = 3P_{单相}$，但$P_{三相}^* = P_{单相}^*$。

(3) 标幺值的等式中不会出现系数。如对于三相设备：实际值等式形式为$S = \sqrt{3}UI$，标幺值形式为$S^* = U^* I^*$。

(4) 无论折算到哪一侧，标幺值相等。

(5) 用标幺值表示的参数，便于直观显示设备的运行情况。

(6) 某些物理量标幺值数值相同，如电流的标幺值I_2^*等于负载率β，$\beta = I_2^*$。

(7) 标幺值没有量纲，物理概念不清，不能用量纲检查关系式的正确与否。

课堂练习

(14) 以下公式中哪个是错误的？（　　）

A. $S^* = \sqrt{3}U^* I^*$　　　　　　　　　　B. $S^* = U^* I^*$

C. $P^* = U^* I^* \cos\varphi$　　　　　　　　　　D. $Q^* = U^* I^* \sin\varphi$

(15) 一台变压器变比为 2，阻抗标幺值在高压侧为 0.06，归算到低压侧是多少？（　　）

A. 0.015　　　　　B. 0.03　　　　　C. 0.06　　　　　D. 0.12

2.4　变压器的参数测定　A 类考点

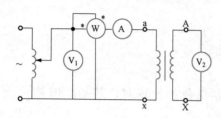

图 2.13　单相变压器空载实验电路图

2.4.1　空载实验

空载实验可以求得变压器变比 k、空载损耗 p_0、空载电流百分比 $I_0\%$、励磁阻抗 Z_m。

空载实验电路如图 2.13 所示，为了实验方便，空载实验通常在低压侧加额定电压（在低压侧做），将高压侧开路。通过调整电源侧电压使电压表 1 的读数为 U_{1N}，记录下高压侧的电压表 2 的读数为 U_2，功率表的读数为 p_0，电流表的读数为 I_0。

变压器 $X_{1\sigma}\ll X_m$，$R_1\ll R_m$，所以变压器空载实验等值电路为

笔记

变压器空载实验相关计算公式如下。

1. 变压器变比 k

笔记

2. 空载电流百分比 $I_0\%$

笔记

3. 励磁阻抗Z_m的计算公式

注意：空载实验时，一次加的电压为额定电压U_{1N}，因此主磁通为正常运行时的大小，铁芯中的涡流损耗和磁滞损耗都是正常运行时的大小。空载实验的功率p_0近似等于变压器的铁损。工程计算时认为$p_{Fe}=p_0$，且无论在高压侧还是低压侧做实验，功率表的读数都为铁损，数值相同。

由于空载实验是在低压侧进行的，故测得的励磁参数是以变压器低压侧为一次侧的励磁参数，即归算到低压侧的值。若要得到以高压侧为一次侧的励磁参数，可将所测得的励磁参数乘以k^2。

2.4.2 短路实验

短路实验可测出变压器的负载损耗p_k，短路阻抗百分比$U_k\%$，短路阻抗Z_k。

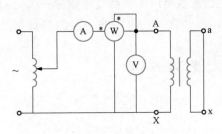

图 2.14 单相变压器短路实验电路图

短路实验电路如图 2.14 所示，为了实验方便，实验执行时，将低压侧先短路，然后在高压侧从零开始逐渐加电压（在高压侧做实验），直到高压侧达到额定电流I_{1N}时停止，记录下电压表的读数u_k，功率表的读数p_k。

因变压器等效电路中$X_{2\sigma} \ll X_m$、$R_2 \ll R_m$，变压器短路实验时的等值电路：

变压器短路实验相关计算公式如下。

（1）短路阻抗百分比$U_k\%$

笔记

（2）变压器的短路阻抗 Z_k 的计算公式

笔记

注意：由于做短路实验时，一次、二次绕组中流过的电流为额定电流，且励磁支路上的电流非常小，因此在工程计算时，近似认为短路损耗 p_k 为变压器满载时的铜耗，且无论在高压侧还是低压侧做实验，功率表的读数都为铜损，数值相同。

由于短路实验是在高压侧进行的，故测得的短路阻抗参数是以变压器高压侧为一次侧的参数，即归算到高压侧的值。如果需要将 $R_k = R_1 + R'_2$，$X_k = X_{1\sigma} + X'_{2\sigma}$ 中的一次侧参数和二次侧参数分开，可近似认为 $R_1 = R'_2$，$X_{1\sigma} = X'_{2\sigma}$ 即可。

总结：①无论在哪一侧做实验，不受影响的参数；②受影响的参数：

笔记

2.4.3 三相变压器实验

三相变压器与单相变压器实验相比，由于所测值为线值，需要首先转换为相值。

图 2.15 所示为三相变压器的空载实验图。图 2.16 所示为三相变压器的短路实验图。采用两表法测功率，电流、电压所测的值都为线电流和线电压。需要根据变压器的接线方式首先转化为相值，然后按照单相变压器的计算方式，计算有关参数。现将主要计算步骤列举如下，其余同单相变压器的计算。

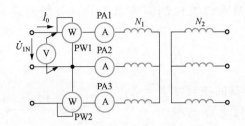　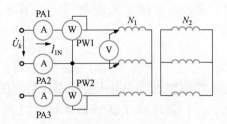

图 2.15　三相变压器空载实验电路图　　图 2.16　三相变压器短路实验电路图

（1）取三相电流平均值作为励磁电流的值。

Y 形接线时，$I_相=\dfrac{I_1+I_2+I_3}{3}$；△接线时，$I_相=\dfrac{1}{\sqrt{3}}\cdot\dfrac{I_1+I_2+I_3}{3}$。

其中，I_1、I_2、I_3 为电流表 PA$_1$、PA2、PA3 的读数。

（2）取相电压作为计算值。

Y 形接线时，$U_相=\dfrac{U_线}{\sqrt{3}}$；△接线时，$U_相=U_线$。

（3）p_0 的取值为单相功率。

当采用二表法时，$p_{0相}=\dfrac{p_1+p_2}{3}$。

其中，p_1、p_2 分别为功率表 PW1、PW2 的读数。

课堂练习

（16）变压器铭牌上反应铁耗的是哪个参数？（　　）

A. 空载损耗　　　　　　　　　　　　B. 短路损耗

C. 短路电压百分数　　　　　　　　　D. 空载电流百分数

（17）（多选）空载实验可以测什么？（　　）

A. 励磁阻抗　　　　B. 铜耗　　　　C. 变比　　　　　D. 铁耗

（18）一台变压器变比为 10，在低压侧做空载实验，测得空载损耗为 35W，然后将实验改到高压侧做，其损耗为多少？（　　）

A. 3.5W　　　　　B. 35W　　　　　C. 350W　　　　D. 35000W

2.5　变压器的运行特性　A 类考点

2.5.1　变压器的电压调整率

1. 变压器的额定电压

当变压器一次绕组接额定电压，二次绕组开路时，二次侧的开路电压 U_{20} 就是二次侧额定电压 U_{2N}。

2. 电压调整率定义

当一次侧接在额定频率和额定电压的电网上，空载时二次侧电压 U_{20} 与在给定负载功

19

率因数、额定电流时二次侧电压U_2的算术差除以二次侧额定电压的百分数所表示的数值，即

$$\Delta U\% \frac{U_{20}-U_2}{U_{20}}\times100\%$$

电压调整率也称为电压变化率，是变压器的主要性能指标之一，其反映了变压器运行时二次侧电压的稳定性。

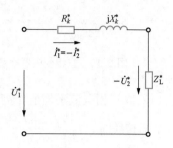

图 2.17 变压器带负载时，用标幺值表示的简化等效电路

如图 2.17 所示，当变压器二次侧所带负载为Z_L^*且负载的功率因数为$\cos_1 \varphi_2$时，电压调整率可简化计算为

$$\Delta U\% = \beta(R_k^* \cos\varphi_2 + X_k^* \sin\varphi_2)\times100\%$$

其中，β为变压器的负载率。

结论：变压器的电压调整率与以下哪些因素相关。

笔记

2.5.2 外特性

（1）如图 2.18 所示，变压器二次侧电压与负载电流的关系称为变压器的外特性。

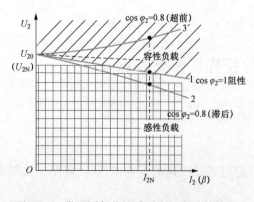

图 2.18 带不同负载性质时变压器的外特性

（2）变压器带不同负载性质时外特性的变化趋势为

1）带阻性负载，负载增加时，二次侧电压呈略微下降趋势。

2）带感性负载，负载增加时，二次侧电压呈下降趋势。

3）带容性负载，负载增加时，二次侧电压可能为下降、不变、上升趋势。

如图 2.18 打点区域为感性负载；斜线区域为容性负载。

课堂练习 📚

(19) 一台三相变压器，已知 $R_k^* = 0.02$，$X_k^* = 0.05$，额定负载运行时，额定功率因数为 $\cos\varphi_2 = 0.8$（滞后），则其额定电压调整率为（　　）。

A. -0.7%　　　　B. -1.4%　　　　C. 2.3%　　　　D. 4.6%

(20) 一台三相变压器，已知 $R_k^* = 0.02$，$X_k^* = 0.05$，额定负载运行时，额定功率因数为 $\cos\varphi_2 = 0.8$（超前），则其额定电压调整率为（　　）。

A. -0.7%　　　　B. -1.4%　　　　C. 2.3%　　　　D. 4.6%

(21) 一台三相变压器，已知 $R_k^* = 0.02$，$X_k^* = 0.05$，半载运行时，负载功率因数为 $\cos\varphi_2 = 0.8$（滞后），则其半载时电压调整率为（　　）。

A. -0.7%　　　　B. -1.4%　　　　C. 2.3%　　　　D. 4.6%

(22) 当变压器一次绕组接额定电压，二次绕组（　　）时，二次侧的电压就是二次侧的额定电压。

A. 带额定负载　　　B. 空载　　　　　C. 半载　　　　　D. 0.1 倍额定负载

(23) 一台单相变压器一次侧加额定电压，空载时两侧电压之比为 14.5∶1，额定负载时两侧电压之比为 15∶1，则该台变压器额定负载时的电压变化率为（　　）。

A. 0.0333　　　　　B. 0.5　　　　　　C. 0.03　　　　　D. 0.0256

(24) 变压器二次侧负载增加时，二次侧电压保持不变，则所带负载性质为（　　）

A. 感性　　　　　　B. 阻性　　　　　　C. 容性　　　　　　D. 都有可能

2.5.3　变压器的损耗和效率

1. 变压器的损耗

变压器的损耗包括铁耗 p_{Fe} 和铜耗 p_{Cu} 两大类。

(1) 铁耗 p_{Fe} 不随负载大小变化，也称为不变损耗，$p_{Fe} = p_0$，即铁耗等于空载实验的空载损耗。

(2) 铜耗 p_{Cu} 随负载大小变化，也称为可变损耗，$p_{Cu} = \beta^2 p_k$，即铜耗等于负载率的平方乘以短路实验时的负载损耗。

2. 变压器的效率

变压器的效率：变压器输出有功功率与输入有功功率的比值即为变压器的效率 η。一般中小型变压器的效率为 $95\% \sim 98\%$，大型变压器的效率可达 99% 以上。

$$\eta = \frac{P_2}{P_1} \times 100\% = \frac{P_2}{P_2 + \beta^2 p_k + p_0} \times 100\%$$

当已知负载的功率因数时，效率还可以表示为

笔记

（1）空载时，变压器效率 $\eta=0$。

（2）负载时，

当 $\beta<\beta_{max}$ 时，铁耗 p_{Fe} 所占比重大，随着 β 的增加，变压器效率增加；

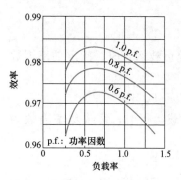

图 2.19　变压器效率与负荷率和功率因数的关系

当 $\beta>\beta_{max}$ 时，铜耗 p_{cu} 所占比重大，随着 β 的增加，变压器效率减小；

综上，变压器的最大效率出现在铁耗等于铜耗时，即负载率 $\beta=\sqrt{p_0/p_k}$ 时，效率最大。对于大中型变压器来说，一般负载率为 $50\%\sim60\%$ 附近，效率最高。

变压器效率与负载率和功率因数的关系如下。

（1）通常大、中容量变压器最大效率出现在负载率为 $50\%\sim60\%$，具体值可根据变压器的参数算出。

（2）功率因数越大，效率越大。

如图 2.19 所示，为变压器效率与负荷率和功率因数的关系。

【例 2.2】　一台三相变压器，其额定数据如下：$S_N=100kVA$，$U_{1N}=6000V$，$f=50Hz$，$U_{2N}=U_{20}=400V$。由实验数据测得：空载损耗 $p_0=600W$，负载损耗 $p_k=2400W$。

试求：

（1）带电阻负载，满载时的效率；

（2）带电阻负载，半载时的效率；

（3）带感性负载，且功率因数为 $\cos\varphi_2=0.8$（滞后）时的满载效率；

（4）带容性负载，且功率因数为 $\cos\varphi_2=0.8$（超前）时的满载效率。

笔记

课堂练习 📚

（25）若要使变压器获得最大效率，变压器的不变损耗等于可变损耗时效率最大。（   ）

A. 正确 　　　　　　　　　　　　　B. 错误

（26）变压器由空载变为额定负载时，铁损和铜损如何变化？（   ）

A. 铁损不变，铜损增加 　　　　　　B. 铁损增加，铜损增加

C. 铁损增加，铜损不变 　　　　　　D. 铁损不变，铜损不变

（27）一台三相变压器，由实验数据测得：空载损耗 $p_0 = 780\mathrm{W}$，负载损耗 $p_k = 2400\mathrm{W}$，则该变压器在（   ）负载率下效率最高。

A. 满载　　　　B. 45%　　　　　C. 57%　　　　　D. 92%

2.6　三相变压器　B 类考点

2.6.1　三相变压器的磁路系统

三相组式和三相五柱式变压器结构如图 2.20 所示，同容量的三相组式变压器的体积和质量大于三相芯式变压器；三相组式变压器适合于大型电力变压器，三相芯式变压器适合于中小容量的变压器。

对于零序磁路：零序磁路分量可以在组式变压器及三相五柱式变压器的铁芯中流通，但对于芯式变压器，则只能通过变压器油、油箱壁形成回路。因此，三相芯式变压器的零序励磁电抗比组式变压器，以及三相五柱式变压器的零序励磁电抗小得多。

对于正序和负序磁路：三相组式变压器各相主磁路相互独立；三相芯式变压器各相磁路相互关联，每相磁路必须借助另外两相才能构成闭合回路，如图 2.21 所示。其特点有：①磁路不独立，中间相磁阻小；②加三相对称电压时，各相磁通相等，但三相励磁电流不等，中间相励磁电流小。

2.6.2　连接组别

（1）变压器能够变电压、变电流、变阻抗，此外还可以变相位。连接组别号就是用来描述变压器变相位功能的。

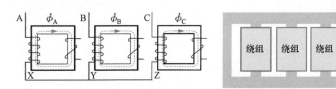
图 2.20　三相组式和三相五柱式变压器

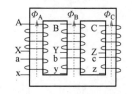
图 2.21　三相芯式（三相三柱式）变压器磁路

（2）单相变压器连接组别号及绕组同名端判断。

笔记

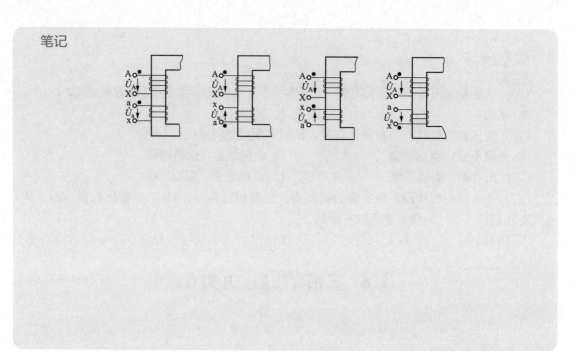

（3）三相变压器的连接组别号：连接组别号采用时钟表示法标志三相变压器高、低绕组线电压（或线电动势）的相位关系。以高压侧U_{AB}对应的线电压相量为分针，并令其固定指向"12"位置，以低压侧U_{ab}对应的线电压相量作为时针，它所指的时数就是连接组别的数字。

对于三相变压器电压相位的偏移度数都为30°的整数倍。如某连接组别为$Yd1$，则高压侧线电压超前低压侧线电压30°。

（4）三相变压器组别号的奇偶性：对于Y,y（或D,d）连接，可以得到0、2、4、6、8、10共6个偶数组别；而Y,d（或D,y）连接，可以得到1、3、5、7、9、11共6个奇数组别。

（5）三相变压器连接组别号的判断方式：

1）Y,y接法：Yy（　　　）。

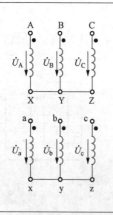	绘图区：

2）Y,y接法：Yy（　　　）。

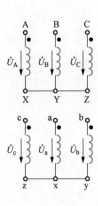

绘图区：

3) Y,d 接法：Yd（　　）。

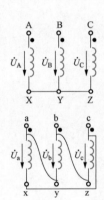

绘图区：

4) Y,d 接法：Yd（　　）。

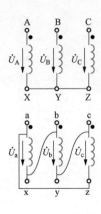

绘图区：

5) D,y 接法：Dy（　　）。

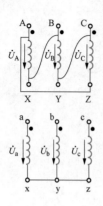

绘图区：

6）D,y 接法：Dy（　　）。

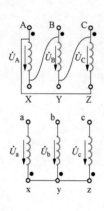

绘图区：

7）D,y 接法：Dy（　　）。

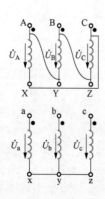

绘图区：

8）D,y 接法：Dy（　　）。

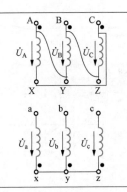

绘图区：

结论：

（1）同样联结方式和出线标志的变压器，若改为异名端标注，其联结组标号相差 6，即时针反相。

（2）abc 三相顺次错位一次，例 abc 变为 cab，则时钟点数加 4。

（3）Yy,Dd 联结方式对应的联结组标号一定为偶数；Yd,Dy 联结方式对应的联结组标号一定为奇数。

课堂练习

（28）三相芯式变压器各相主磁路磁阻（　　　）。

A. 相等   B. 不相等，中间磁阻小

C. 不相等，中间磁阻大   D. 不相等，两边磁阻小

（29）三相芯式变压器和三相组式变压器零序励磁电抗 X_{m0} 的大小关系为（　　　）。

A. 芯式比组式大得多   B. 芯式比组式小得多

C. 芯式与组式差不多   D. 无法比较

（30）Yd5 高压侧线电压和低压侧线电压相差多少度？（　　　）

A. 30   B. 60   C. 90   D. 150

2.6.3 绕组接法和磁路结构对二次侧电压波形的影响

1. 产生谐波的原因和特点

（1）产生谐波的前提是铁芯进入饱和区。

（2）只要有波形畸变，就存在谐波。

（3）正弦波波形畸变，傅里叶分解后仅有奇次谐波，无偶次谐波。

（4）谐波次数越多，幅值越小。

（5）三次谐波，其特点为三相大小相同，相位相同。

2. 波形变化产生原因分析

变压器空载运行时，若铁芯工作在饱和状态，空载电流 i 与由它产生的主磁通 Φ 呈非线性关系。当空载电流为正弦波时，由于铁芯的磁饱和现象，主磁通为平顶波，除基波外，还包含有三次谐波磁通。由主磁通感应出来的二次侧相电压为尖顶波，如图 2.22 所示。若要获得正弦波主磁通，励磁电流必须为尖顶波，如图 2.23 所示。

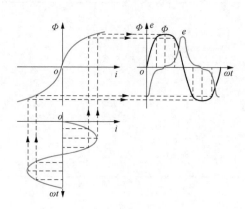

图 2.22　i 为正弦波时 Φ 和 e 的波形　　　　图 2.23　Φ 为正弦波 i 的波形

3. 变压器波形畸变总结

考虑饱和时，芯式变压器波形畸变总结见表 2.1，组式变压器波形畸变总结见表 2.2。

（1）波形发生畸变的前提是磁路进入饱和区。若不考虑饱和，则波形全为正弦波。

（2）对于单相变压器饱和时，励磁电流为尖顶波，主磁通为正弦波，二次侧电压为正弦波。

（3）对于三相芯式（即三相三柱式）变压器饱和时：由于三次谐波主磁通无法大量存在，因此无论何种接线形式主磁通都不会发生畸变。芯式变压器可以采用任何接线，但采用 Yy 时容量不宜太大，一般不超过 1600kVA。

（4）对于三相组式（或三相四柱式，三相五柱式）变压器饱和时：

1）只要有一个绕组接法为 △ 连接，则 △ 接线可以提供三次谐波励磁电流，使励磁电流为尖顶波，从而保证主磁通、相电压、线电压波形为正弦波。因此变压器设计时，总有一侧做成 △ 连接。

2）若绕组为 YN 接线，则要看外电路是否接地，若外电路接地则可以提供三次谐波励磁电流通道，使励磁电流为尖顶波，从而保证主磁通、相电压、线电压波形为正弦波。

3）若绕组都为 Y 接线，则不能提供三次谐波电流通道，励磁电流为正弦波。主磁通为平顶波，二次侧相电压为尖顶波。尖顶波的相电压可能导致绝缘击穿，造成严重的后果。因此组式变压器不能采用 Yy 接线。

（5）由于线电压为两相电压的差，其差值中不再包含三次谐波电压，因此无论变压器结构、接线方式及是否饱和，线电压都为正弦波。

表 2.1　　　　　　　　　　　　　考虑饱和时芯式变压器波形畸变总结

变压器型式	绕组接法	励磁电流	主磁通	二次侧相电压	二次侧线电压
芯式变压器（三相三柱式）	Yy	正弦波	正弦波	正弦波	正弦波
	Dy,Yd	尖顶波	正弦波	正弦波	正弦波
	YNy	一次侧外电路接地：尖顶波	正弦波	正弦波	正弦波
		一次侧外电路不接地：正弦波	正弦波	正弦波	正弦波
	Yyn	二次侧外电路接地：尖顶波	正弦波	正弦波	正弦波
		二次侧外电路不接地：正弦波	正弦波	正弦波	正弦波

表 2.2   **考虑饱和时组式变压器波形畸变总结**

变压器型式	绕组接法	励磁电流	主磁通	二次侧相电压	二次侧线电压
组式变压器 三相四柱式 三相五柱式	Yy	正弦波	平顶波	尖顶波	正弦波
	Dy, Yd	尖顶波	正弦波	正弦波	正弦波
	YNy	一次侧外电路接地：尖顶波	正弦波	正弦波	正弦波
		一次侧外电路不接地：正弦波	平顶波	尖顶波	正弦波
	Yyn	二次侧外电路接地：尖顶波	正弦波	正弦波	正弦波
		二次侧外电路不接地：正弦波	平顶波	尖顶波	正弦波

注：表中励磁电流的畸变是允许的，主磁通及相电压的畸变对变压器有危害。

课堂练习

（31）三相组式变压器，考虑到磁饱和影响，下列哪种变压器绕组接线方式最有利于保证主磁通不畸变（   ）。

A. Yy   B. Yyn

C. Yd   D. 条件不足，无法判断

（32）一台单相变压器，若铁芯饱和后，励磁电流波形应该为（   ）。

A. 矩形波   B. 正弦波   C. 尖顶波   D. 平顶波

（33）为减小三次谐波主磁通，三绕组变压器的第三绕组应该接成（   ）形。

A. Y   B. △   C. V   D. Z

2.7   变压器的并联运行   A 类考点

1. 定义

变压器并联运行是指把变压器一、二次侧绕组相同标志的出线端联在一起，分别接到母线上，共同承担全部容量的传输或配电任务。如图 2.24 所示，为 3 个变压器并联运行的方式。

2. 变压器并联运行的原因

（1）一台变压器不能担负起全部容量的传输或配电任务，用变压器并联运行的方式共同分担。

（2）满足大型变电站逐年发展规划的需求。

（3）负载变化时，允许一部分变压器退出运行，可以提高系统运行效率，节约电能，改善功率因数。

（4）检修时，可以逐台退出进行检修。

3. 变压器并联运行的条件（"3＋1"）

（1）一、二次额定电压分别相等，即额定电压比相等（变比相等）。

（2）二次对一次线电压的相位差相同，或者说联结组标号相同。

（3）短路阻抗标幺值相等，且短路阻抗角（短路电阻与短路电抗之比）也应该相等。

并联运行的变压器的最大容量之比不超过 3：1。

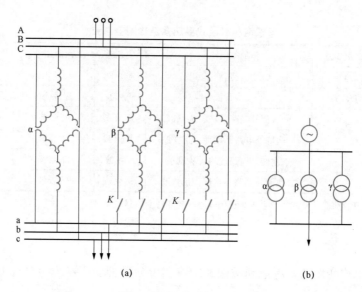

图 2.24　变压器并联运行

(a) 联结图；(b) 简化图

理想并联运行时：并联的变压器之间没有环流；负载时能够按照各台变压器的容量合理地分担负载；负载时各台变压器分担的电流应为同相。

注意：以上 3 个条件中第 2 个必须严格遵守，第 1 个和第 3 个条件允许稍有出入，分别介绍如下。

1）变压器变比不等时对并联运行的影响。

变压器变比不同时，变压器 T_1、T_2 的变比分别为 k_1 和 k_2，则其二次侧空载电压不同，造成电压差，在两个变压器短路阻抗之间形成环流。

笔记

结论：对于降压变压器，变比小的负载重；对于升压变压器，变比大的负载重。

由于变压器的短路阻抗很小，因此即使很小的变比差也能造成较大的环流。为了限制环流，一般规定两变压器的变比差 $\Delta k\% = \dfrac{k_1 - k_2}{\sqrt{k_1 k_2}} < 0.5\%$，以控制环流限制在额定电流的 5%。

2）变压器联接组号不同时对并联运行的影响。

变压器联结组号不同时，即对应着变压器相位差不同，至少为30°。如图2.25所示，当Yy0与Yd1两变压器并联时，二次侧电压可以达到额定电压的51.8％，能产生几倍于额定电流的循环电流。因此，变压器并联运行时是绝不允许联结组别不同的。

3）变压器短路阻抗标幺值不同时对并联的影响。

变压器短路阻抗不同时，如图2.26所示，流过各台变压器的负载率不同。并联运行的负载率计算公式为$\dfrac{\beta_1}{\beta_2}=\dfrac{|Z_{k2}^*|}{|Z_{k1}^*|}$，其负载率与其短路阻抗标幺值成反比，短路阻抗标幺值小的变压器先达到满载。

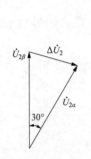

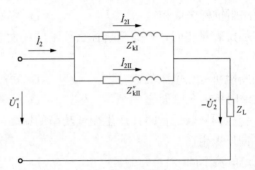

图 2.25　Yy0 与 Yd1 并联时的二次侧电压差　　　图 2.26　变压器并联运行等效电路

若变压器短路阻抗标幺值模值相同，但短路阻抗角不相等，则各变压器输出电流相位不同，使得总输出的叠加电流幅值有所降低，变压器的设备容量得不到充分利用。一般规定，短路阻抗的标幺值相差不能大于10％。在实际计算时由于R_k比X_k小得多，一般忽略R_k，则有

$$\frac{\beta_1}{\beta_2}\approx\frac{X_{k_2}^*}{X_{k_1}^*}=\frac{u_{k2}\%}{u_{k1}\%}$$

【例 2.3】　两台变压器 A 和 B 并联运行，已知$S_{NA}=1200\text{kVA}$，$S_{NB}=1800\text{kVA}$，阻抗电压$U_{kA}\%=6$，$U_{kB}\%=5$，则两台变压器负载率之比为（　　）。

A. 6：5　　　　B. 5：6　　　　C. 2：3　　　　D. 5：9

笔记

课堂练习

（34）（多选）变压器并联运行需要满足的条件是（　　）。

A. 变比相等
B. 联结组别相同
C. 短路阻抗标幺值相等
D. 容量相同

（35）变压器并联运行必须满足的条件是（　　）。

A. 变比相等
B. 联结组别相同
C. 短路阻抗标幺值相等
D. 容量相同

（36）额定容量相同，短路阻抗标幺值不同的两变压器并联，则哪台变压器承担的负载重（　　）。

A. 短路阻抗标幺值大的
B. 短路阻抗标幺值小的
C. 励磁阻抗标幺值大的
D. 励磁阻抗标幺值小的

（37）变压器并联运行时，产生循环功率的原因（　　）。

A. 不同厂家生产
B. 变比不同
C. 额定电流不同
D. 额定容量不同

2.8 变压器的励磁涌流

1. 产生条件

变压器空载合闸到电源，如图 2.27 所示。

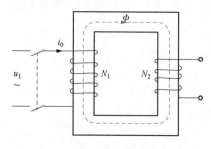

图 2.27　变压器空载接通电源

2. 对于单相变压器

取电压 $u_1(t) = U_{1m}\sin(\omega t + \alpha)$。

（1）如果变压器在 $\alpha = 0°$ 瞬间接通，主磁通发生突变，存在突变的自由分量，有较大的励磁涌流。

（2）如果变压器在 $\alpha = 90°$ 瞬间接通，主磁通的变化是从 0 逐步建立的，磁通中不存在突变自由分量，无大的励磁涌流。

3. 三相变压器同时合闸时，至少两相存在励磁涌流

4. 产生原因

维持铁芯中的主磁通不变。

5. 励磁涌流的危害

最大可达变压器额定电流的 6～8 倍。特点是直流分量大，有大量高次谐波，其中二次谐波分量含量最高，并且出现间断角。对变压器本身没有直接危害，但可能引起装在变压器一次侧的过电流保护继电器误动作。

6. 处理措施

由于励磁涌流属于暂态电流，因此一般经过几个周期就会衰减到正常值。为了加快衰减速度，在大型变压器中，合闸时常在一次绕组回路中串联一个附加电阻，以加速励磁过电流的衰减，合闸后再将附加电阻切除。

课堂练习

（38）变压器励磁涌流是变压器发生故障时在其绕组中产生的暂态电流。（　　）

A. 正确　　　　　　　　　　　　　　B. 错误

（39）励磁涌流的大小主要与（　　）有关。

A. 合闸速度　　　　B. 合闸相位　　　　C. 励磁损耗　　　　D. 极化损耗

2.9　自耦变压器　A 类考点

自耦变压器的特点：两个绕组间除有磁联系外，还有电联系。

2.9.1　自耦变压器的等效电路和结构

自耦变压器的等值电路图如图 2.28 所示。

（1）变压器的一次绕组 bd，匝数 N_1。

（2）变压器的二次绕组 cd，匝数为 N_2，称为公共绕组。

（3）属于一次绕组且与公共绕组串联的绕组 bc，匝数为 N_1-N_2，称为串联绕组。

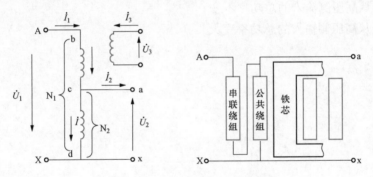

图 2.28　自耦变压器的等值电路图

（4）自耦变压器第三绕组与公共绕组、串联绕组只有磁的联系。如图 2.29 所示，当存在第三绕组时，自耦变压器的接线形式，一般第三绕组接成三角形。

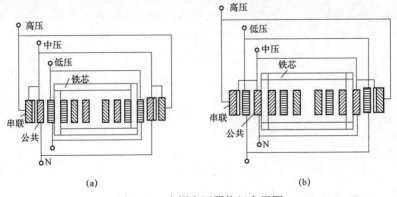

图 2.29　自耦变压器绕组布置图

（a）降压型；（b）升压型

2.9.2　自耦变压器的变比关系和功率关系

1. 自耦变压器的变比关系

忽略自耦变压器励磁电流的影响，高压和中压匝数分别为N_1和N_2时，电压和电流满足基本变比公式：

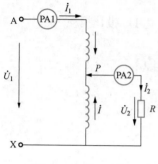

图 2.30　例 2.4 图

$$\frac{U_1}{U_2} = k_{12}$$

$$\frac{I_1}{I_2} = \frac{1}{k_{12}}$$

变比 $k_{12} = N_1/N_2$。

【例 2.4】（多选）如图 2.30 所示，为一单相自耦变压器。高压侧接在电压恒定的电源上，电压为U_1。低压侧接纯电阻负载，电阻值恒定为R。当自耦变压器的触头向上移动时，以下说法正确的是（　　　）。

A. PA1 的读数变大

B. PA2 的读数变大

C. 变压器从高压侧输入的总功率不变

D. 变压器从高压侧输入的总功率变大

笔记

【例 2.5】一台单相自耦变压器，$S_N = 2kVA$，一次额定电压$U_{1N} = 220V$，二次电压可以调节，当二次电压调节到$U_2 = 100V$时，输出电流$I_2 = 10A$。求这时串联绕组，公共绕组的电流（　　　）。

A. 14.55A，4.555A

B. 4.55A，5.45A

C. 5.45A，4.55A

D. 15.45A，5.45A

笔记

2. 自耦变压器的功率关系

额定容量：也称为自耦变压器的通过容量。

传导容量：由电路直接传输到二次侧的功率（电传容量）。

标准容量或绕组容量：由电磁感应传递到二次侧的功率（磁传容量）。

容量关系分析：

2.9.3　自耦变压器的效益系数

标准容量与额定容量之比称为自耦变压器的效益系数K_b：

$$K_b = 1 - \frac{1}{k_{12}}, \text{其中}, k_{12} = \frac{N_1}{N_2}.$$

串联绕组的额定容量S_{sN}与公共绕组的额定容量S_{cN}相等，其设计值都为$S_{cN} = S_{sN} = K_b S_N$。

变比k_{12}越小，K_b越小，绕组的额定设计容量$K_b S_N$越小。变压器铁芯和绕组截面积尺寸及损耗是由绕组额定设计容量决定的，绕组设计容量越小，所用铁芯材料越少，尺寸更小，为了保证经济效益，一般规定电压比$k_{12} \leqslant 3$。变比越小，自耦变压器的效益越好。

2.9.4　自耦变压器的运行方式

自耦变压器的运行方式

（1）自耦运行方式：第三绕组不参与，只有高、中进行能量传递。

（2）纯变压运行方式：仅高压侧和低压侧进行能量传递；或者仅中压侧与低压侧进行能量传递。

（3）联合运行方式：

1）高压侧同时向中压和低压侧送电（或中压和低压同时向高压传输功率）；最大功率受串联绕组的额定容量S_{sN}限制。

2）中压侧同时向高压侧和低压侧送电（或高压和低压同时向中压侧传输功率）；最大传输功率受公共绕组的额定容量S_{cN}限制。

笔记

【例 2.6】 （单选）一台额定电压为 220/110/35kV，额定容量为 120MVA，容量比为 100/100/50 的自耦变压器，如果低压侧向中压侧传输 40MVA，且功率因数相同，则高压侧可传输至中压侧的最大功率为（　　　）。

A. 40MVA   B. 60MVA   C. 80MVA   D. 20MVA

笔记

2.9.5 自耦变压器的优缺点

1. 优点

（1）材料（导线、硅钢片）少，成本低。

（2）铜损、铁损小，效率高。

（3）尺寸小，质量轻，极限制造容量大。

2. 缺点

（1）高压侧和中压侧绕组之间有直接联系，所以中压侧绕组的绝缘必须按较高电压设计。

（2）高压侧和中压侧绕组之间漏磁较小，电抗较小，短路电流比普通双绕组变压器大；运行中需要采取限制短路电流的措施。

（3）高压侧和中压侧的三相绕组连接组别必须相同，由于自耦变压器一般用于 220kV 及以上，典型的接线组别为 YNyn0d11。

（4）由于运行方式多样化，继电保护整定困难。

3. 注意事项

（1）220kV 及以上的变电站优先选用自耦变压器。

（2）自耦变压器中性点必须接地，以免高压侧发生单相接地时，中压侧出现过电压。

（3）自耦变压器高、中压侧有电的联系，高压侧遭受雷击过电压可直接传到中压侧，为安全起见，自耦变压器高、中压侧均须装设避雷器。

（4）自耦变压器的第三绕组一般都接成△，其作用：①消除三次谐波主磁通分量，保证二次侧电压的波形为正弦波；②用来连接发电机或调相机；③用来对附近地区或厂（站）用电系统供电；④减小系统零序电抗。

（5）根据用途不同，有所不同，第三绕组的容量如果仅用来提供三次谐波电流通道，防止主磁通发生畸变，其容量一般为自耦变压器标准容量的 1/3 左右；如果用来连接发电机或调相机，其容量等于自耦变压器的标准容量。

课堂练习

（40）（多选）下列变比的变压器，适合采用自耦变压器型式的有（　　）。

A. 330kV/121kV/11kV　　　　　　　　B. 220kV/121kV

C. 500kV/242kV　　　　　　　　　　　D. 110kV/11kV

（41）自耦变压器高压、中压侧有直接电的联系，为防止高压侧单相接地故障引起中压侧电压升高，自耦变压器必须接地（　　）。

　　A. 正确　　　　　　　　　　　　　B. 错误

（42）一台 330/110/11kV 的自耦变压器，额定容量 S_N 为 240MVA，则其绕组设计容量为（　　）。

　　A. 160MVA　　　　B. 120MVA　　　　C. 80MVA　　　　D. 无法确定

（43）（多选）自耦变压器的运行方式包括（　　）。

　　A. 纯自耦运行　　　B. 纯变压运行　　　C. 联合运行　　　D. 其他运行

（44）自耦变压器的传导容量是指从高压侧感应传到中压侧的功率。（　　）

　　A. 正确　　　　　　　　　　　　　B. 错误

（45）（多选）某自耦变压器额定容量为 S_N，经济效益系数为 K_b，第三绕组仅用于消除主磁通畸变，则下列说法正确的是（　　）。

　　A. 串联绕组额定设计容量为 $K_b S_N$　　　B. 公共绕组额定设计容量为 $K_b S_N$

　　C. 第三绕组额定设计容量为 $\frac{1}{3} K_b S_N$　　　D. 第三绕组额定设计容量为 S_N

第3章

同 步 电 机

3.1 同步电机的基本结构和运行状态 A类考点

同步电机主要用作发电机，现代电厂发电机几乎都是同步发电机。此外，同步电机也用作大型电动机，同步电动机可以通过励磁调节来改善电网的功率因数；同步电机也可用作调相机，专门用于无功的调节。

3.1.1 交流绕组的基本知识

交流绕组是按一定规律排列和连接的线圈的总称，通常嵌入在定子或转子铁芯槽内。对于同步电机，定子绕组是进行能量转换的枢纽，因此电枢绕组就是指定子绕组。

1. 交流绕组相关概念

(1) 机械角度：对应电机定子内圆一周的几何角度是 360°，是电机实际尺寸的几何角度。

(2) 电角度：一对磁极所对应的磁场电角度为 360°。p 对极的电机，电机旋转一周，转过的机械角度为 360°，转过的电角度为 $p×360°$。电角度＝$p×$机械角度。

(3) 极距：沿着定子铁芯内部，每个磁极所占有的距离称为极距。对于 p 对极的电机。极距 $\tau=\dfrac{Z}{2p}$。Z 表示定子总槽数。

(4) 槽距角：两个相邻铁芯槽间的电角度，$\alpha=\dfrac{p×360°}{Z}=\dfrac{180°}{\tau}$。

(5) 每极每相槽数：每相在每极下占有的槽数，$q=\dfrac{Z}{2pm}$，Z 为总槽数，p 为极对数，m 为相数，一般 $m=3$，表示 A、B、C 三相。m 取 3 时，$q=\dfrac{\tau}{3}$；若 $q=1$ 为集中绕组；若 $q>1$，则为分布绕组，分布绕组可以有效减小高次谐波。

(6) 线圈：组成绕组的基本单元，分为有效边和端部，如图 3.1 所示为双层绕组。

(7) 节距：一个线圈上层边和下层边所跨过的距离称为节距，用 y 表示。整距绕组，$y=\tau$；短距绕组，$y<\tau$；长距绕组，$y>\tau$。短距绕组可以有效减小高次谐波。

(8) 短距角：短距时，同一相的上、下层导体错开一段距离，这个距离用短距角 β 表示，表示一个元件的上层导体电动势和下层导体电动势的相位差是 $180°-\beta$ 电角度。

(9) 相带：每极下每相绕组占有的范围，一般用电角度表示。现代电机常用 60°相带。

(10) 短距系数：$k_{yv}=\sin\left(v\dfrac{y}{\tau}×90°\right)$，$v$ 表示谐波次数，计算基波时 v 取 1。

(11) 分布系数：$k_{qv}=\dfrac{\sin\dfrac{vq\alpha}{2}}{q\sin\dfrac{v\alpha}{2}}$，$v$ 表示谐波次数，计算基波时 v 取 1。

（12）绕组系数：$k_{\omega 1} = k_{y1} k_{q1} \leqslant 1$。

采用短距时，$k_{yv} < 1$；采用分布绕组时，$k_{qv} < 1$。

2. 交流绕组的磁动势

（1）单相绕组磁动势：当定子绕组中通入单相交流电流时，形成的磁动势为脉振磁动势。脉振磁动势属于驻波，波的位置在空间不动，但波幅的大小和正负随时间而发生变化。

（2）三相绕组基波磁动势：当定子三相

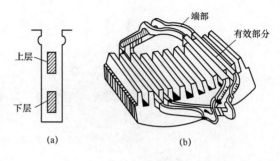

图 3.1　双层绕组
(a) 双层绕组在槽内的布置；(b) 有效部分和端部

对称绕组通入三相对称电流产生的基波合成磁动势为一个圆形旋转磁动势；三相基波合成磁动势的幅值为一相基波磁动势幅值的 1.5 倍。

（3）合成磁动势的转向取决于电流的相序，总是由电流超前相绕组转向电流滞后相绕组。当某相电流达到最大时，合成磁动势的波峰正好转到该相绕组的轴线上。任意交换两相绕组的接线，即正序变成负序后，转向也发生改变。

（4）三相基波合成磁动势的转速与电流频率、极对数相关，即 $n_s = 60f/p$。

课堂练习

（1）一台 6 极三相电机，则其 30° 的机械角度对应的电角度为（　　　）。

A. 30°　　　　　B. 90°　　　　　C. 180°　　　　　D. 360°

（2）一台交流电机有 6 个极、36 槽、双层线圈。第一节距 $y=5$，则短距角为（　　　）。

A. 15°　　　　　B. 25°　　　　　C. 30°　　　　　D. 40°

（3）有一台三相电机，定子绕组为三相双层绕组。已知定子槽数 $z=24$，极对数 $p=2$，线圈节距 $y=5$ 槽，则该绕组说法，正确的是（　　　）。

A. 整距绕组，集中绕组　　　　　　　B. 整距绕组，分布绕组

C. 短距绕组，集中绕组　　　　　　　D. 短距绕组，分布绕组

3.1.2　同步电机分类

同步电机的分类方法有很多种，按照定、转子结构形式不同，同步电机可以分为旋转电枢式和旋转磁极式。目前，旋转磁极式结构已经成为大、中型同步电机的基本结构形式。

按照主磁极的励磁方式不同，同步电机可分为永磁式和电励磁式。大、中型同步电机主要采用电励磁式。

按照主磁极结构不同，可以分为隐极式和凸极式，如图 3.2 所示。对于同步发电机，若按原动机来划分，用汽轮机作为原动机时称为汽轮发电机，而用水轮机作为原动机时，则称为水轮发电机。

（1）汽轮发电机：转速高，采用隐极式。1 对极，常用于火电厂。

（2）水轮发电机：转速低，采用凸极式。多对极，极对数为 p 时，同步转速 $n = \dfrac{60f}{p}$，常用于水电厂。

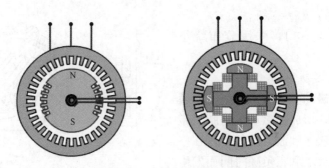

图 3.2　隐极同步电机和凸极同步电机的区别

　　按照安装方式的不同，可以分为立式安装和卧式安装。隐极同步电机采用卧式安装，凸极同步电机通常采用立式安装。低速、大容量的水轮发电机和大型水泵电动机采用立式安装。绝大部分用内燃机或冲击式水轮机拖动的同步发电机都采用卧式安装。

3.1.3　同步电机基本结构及运行原理

1. 旋转磁极式基本结构

　　发电机主要部件结构如图 3.3 所示，主要可分为定子和转子两部分。

　　（1）定子：定子由定子铁芯、定子绕组、机座、端盖组成。定子铁芯采用 0.35mm 或 0.5mm 的冷轧无取向硅钢片，定子上嵌放 A、B、C 三相绕组，定子端口接电网。发电机的三绕组一般采用 Y 连接。

　　（2）转子：转子采用导磁性良好的整块合金钢。转子铁芯上开槽，用来嵌放励磁绕组，励磁绕组中通直流电建立转子主磁场。

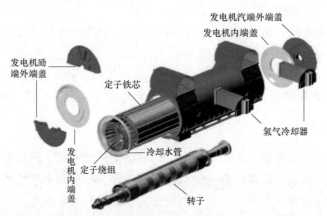

图 3.3　发电机主要部件结构

　　除励磁绕组外，凸极同步电机的转子上还装有阻尼绕组，阻尼绕组与异步电机的笼型转子绕组结构类似，它由插入主极极靴中的铜条和两端的端环焊成一个闭合绕组。在凸极同步发电机中装设阻尼绕组，可以抑制过渡过程中转子的机械振荡。在同步电动机和补偿机中，阻尼绕组主要作为起动绕组用。

2. 运行原理

　　励磁绕组通入直流电流，产生励磁磁动势，建立主磁通。原动机拖动转子以转速 n_s 匀速旋转，转子磁场依次切割三相对称绕组，在三相电枢绕组中感应出对称电动势。此时，将电枢绕组并入电网，产生三相对称电流。三相对称电流产生圆形旋转磁场，与转子主极磁场相互作用，稳定工作，向外输出电能。

任何电机定、转子的极对数必须相同，这是电机运行的基本条件，否则电机不能运转。

同步发电机并联到无穷大电网之后，其频率和端电压将受到电网的约束而与电网相一致。

课堂练习

（4）一般火力发电厂所使用的发电机为（　　）。

A. 凸极同步发电机　　　　　　　　　B. 隐极同步发电机

C. 异步发电机　　　　　　　　　　　D. 直流发电机

（5）同步电机励磁绕组在（　　）侧，励磁绕组中所通电流为（　　）。

A. 定子，交流　　　　　　　　　　　B. 定子，直流

C. 转子，交流　　　　　　　　　　　D. 转子，直流

（6）一台 250r/min，50Hz 的同步电机，其极对数为（　　）。

A. 2　　　　　　　B. 6　　　　　　　C. 12　　　　　　　D. 24

3.1.4　同步电机的运行状态

同步电机有三种运行状态，即发电机、电动机、补偿机，如图 3.4 所示。该三种状态的是从有功功率转化的角度来进行分类的。

（1）发电机将机械能转化为电能，向电网发出有功功率（$P>0$）。

（2）电动机将电能转化为机械能，从电网吸收有功功率（$P<0$）。

（3）补偿机没有有功功率的转换（$P=0$）。

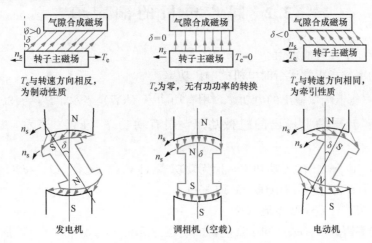

图 3.4　同步电机的运行状态

1. 判断依据

根据功率角 δ 的大小进行判断。

2. 功率角 δ 有以下两个定义

(1) 第一定义：转子主磁场轴线与气隙合成磁场轴线之间的夹角（用电角度表示）。

(2) 第二定义：

3. 三种运行状态

(1) 发电机运行状态。

功率角 δ>0（即转子主磁场轴线超前气隙合成磁场轴线），转子受到制动性质的电磁转矩 T_e。

(2) 补偿机运行状态（或空载运行状态）。

功率角 δ=0（转子主磁场轴线与气隙合成磁场轴线同相位），转子上无电磁转矩的作用，$T_e=0$。

(3) 电动机运行状态。

功率角 δ<0（即转子主磁场轴线滞后气隙合成磁场轴线），转子受牵引性质的电磁转矩 T_e。

课堂练习

(7) 同步发电机转子主磁场超前气隙合成磁场。（　　）

A. 正确　　　　　　　　　　　　　　B. 错误

(8) 同步电机当转子主磁场超前气隙合成磁场时（　　）。

A. 向电网发出容性无功功率　　　　　B. 向电网发出有功功率

C. 从电网吸收有功功率　　　　　　　D. 向电网发出感性无功功率

(9) 同步电动机作用在转子上的电磁转矩性质为（　　）。

A. 制动性质　　　B. 牵引性质　　　C. 为零　　　D. 无法判断

3.2　同步电机的额定值

同步电机有如下几种额定值。

(1) 额定功率：指正常运行时电机的输出功率。

1) 发电机：电枢端口输出的电功率，用有功功率（kW）表示，$P_N=\sqrt{3}U_N I_N \cos\varphi_N$。

2) 电动机：转子轴上输出的机械功率，用有功功率（kW）表示，$P_N=\sqrt{3}U_N I_N \cos\varphi_N \eta_N$。

3) 补偿机：定子输出的无功功率，用无功功率（kVar）表示。$Q_N=\sqrt{3}U_N I_N \sin\varphi_N$。

(2) 额定电压 U_N：定子线电压（V 或 kV）。

(3) 额定电流 I_N：定子线电流（A）。

(4) 额定功率因数 $\cos\varphi_N$：同步发电机额定运行情况下，$\cos\varphi_N>0$（滞后）。

(5) 额定转速 n_N：电机的同步转速，在一定极数及频率时是定值，$n_N=\dfrac{60f_N}{p}$。

课堂练习

(10) 同步发电机的额定功率为（　　）。

A. 电枢（定子）端口输出的电功率　　B. 电枢（定子）端口输入的电功率

C. 转轴上输出的机械功率　　　　　　D. 转轴上输入的机械功率

3.3 隐极同步发电机的磁场和等效电路 A 类考点

3.3.1 电磁过程

转子电流产生的转子主磁场及电枢电流产生的电枢磁场之间相互依存，感应关系如图 3.5 所示。

注：电枢即表示能量转化的枢纽，对于旋转磁极式同步电机来说，电枢就是定子。

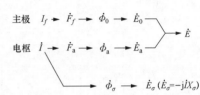

3.3.2 电动势方程

相量关系：$\dot{E}_0 = \dot{U} + \dot{I} R_a + \mathrm{j}\dot{I} X_s$

X_s：称为隐极同步电机的同步电抗 $X_s = X_a + X_\sigma$。

图 3.5 同步发电机电磁感应过程图

X_a：表征电枢反应磁场（定子主磁场）的电抗；

X_σ：表征电枢漏磁（定子漏磁）。

与变压器类似，励磁电动势的有效值为 $E_0 = 4.44 f \Phi_0 N_1 k_{w1}$。其中，$k_{w1}$ 为考虑了短距绕组和分布绕组后小于 1 的绕组系数。励磁电动势及同步电抗影响因素分析：

笔记

3.3.3 等效电路

隐极同步电机等值电路图如图 3.6 所示。

3.3.4 忽略 R_a 的简化等效电路和相量图

隐极同步电机等值关系图如图 3.7 所示。

相量关系：$\dot{E}_0 = \dot{U} + \mathrm{j}\dot{I} X_s$

根据相量图熟知以下三个概念和一个公式。

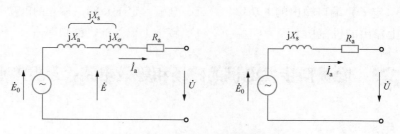

图 3.6　隐极同步电机等值电路图

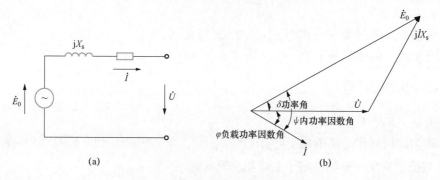

(a)　　　　　　　　　(b)

图 3.7　隐极同步电机等值关系图

(a) 简化等值电路图；(b) 隐极同步电机等值相量图

1. 三个概念

(1) 功率角 δ：励磁电动势 $\dot{E}_0$ 与端口电压 $\dot{U}$ 之间的夹角。反映了发电机发出有功功率的大小。$\delta > 0$，为发电机，发出有功功率；$\delta < 0$，为电动机，吸收有功功率；$\delta = 0$，为调相机，有功功率为零。

(2) 负载功率因数角 φ：即发电机端口的功率因数角，也称为发电机的功率因数角。这里称为负载功率因数角是为了区分发电机内部的功率因数角。

φ：端口电压 $\dot{U}$ 与端口电流 $\dot{I}$ 之间的夹角，反映了发电机所带外部负载的性质。

1) 负载性质为感性时，$\varphi > 0$，滞后。

2) 负载性质为阻性时，$\varphi = 0$，同相位。

3) 负载性质为容性时，$\varphi < 0$，超前。

(3) 内功率因数角 ψ：励磁电动势 $\dot{E}_0$ 与端口电流 $\dot{I}$ 之间的夹角，是电枢反应的判断依据，反映了发电机内部能量转化核心中有功、无功功率的功率因数角。

2. 一个公式：$\psi = \delta + \varphi$。

注：

(1) 电枢表示能量转化的枢纽，同步电机的电枢在定子绕组上。

(2) 功率因数角表示电压和电流的夹角，也直接反映有功功率和无功功率的大小及比例关系。

(3) 电学里规定电流滞后电压时，功率因数角为正。

课堂练习

(11) 同步电机作电动机运行时（　　　）。

A. E_0 超前 U，F_f 超前 F_δ，$\delta > 0$　　　　B. E_0 滞后 U，F_f 滞后 F_δ，$\delta < 0$

C. E_0 滞后 U，F_f 超前 F_δ，$\delta > 0$　　　　D. E_0 超前 U，F_f 滞后 F_δ，$\delta < 0$

(12)（多选）电机学中功率因数角的定义（　　　）。

A. 转子主磁场和气隙合成磁场的夹角

B. 空载电动势 E_0 和端电压 U 的夹角

C. 空载电动势和定子电流的夹角

D. 端电压和定子电流的夹角

(13) 同步发电机额定运行时，功率因数角 φ（　　　）。

A. 为正，滞后功率因数　　　　　　　　B. 为负，超前功率因数

C. 为零　　　　　　　　　　　　　　　D. 无法判断

(14) 在同步发电机的功率因数角特性中，功率因数角的含义就是同步发电机的空载电动势与定子电流之间的相位角。（　　　）

A. 正确　　　　　　　　　　　　　　　B. 错误

3.4　对称负载时的电枢反应　A类考点

1. 电枢反应的定义

发电机带负载运行后，定子（电枢）绕组中将有电流流过，该电流会产生电枢磁场，电枢磁场对转子励磁电流产生的主磁场的影响称为电枢反应。

2. 电枢反应的意义

直接反映了发电机内部能量转化核心中有功功率和无功功率产生的根本原因（电枢反应的实质），可以用内功率因数角 ψ 直接判断，口诀"交有直无，增吸去发"。

交轴电枢反应与发电机发出的有功功率直接相关，只要发出有功功率，必然存在交轴电枢反应。

直轴电枢反应与发电机发出的无功功率直接相关，发出无功功率，则对应直轴去磁；吸收无功功率，则对应直轴增磁。

3. 电枢反应的判断方法

(1) 方式一：

根据功率守恒法来判断（总发功率＝总消耗功率）。发电机电枢反应产生的有功功率、无功功率与发电机内部同步电抗消耗的无功功率和负载消耗的功率之和相等。

图 3.8 所示，发电机内部同步电抗 X_s 消耗无功功率，R_a 消耗有功功率，外部负载 Z_L 视负载性质可知消耗的无功功率与有功功率。

以感性负载为例（$Z_L = R + jX$，$R > 0$，

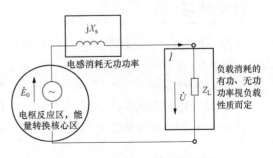

图 3.8　电枢反应判断功率守恒法

$X>0$），说明能量守恒判断电枢反应的方法：

负载消耗有功功率和无功功率，同步电机内部也消耗有功、无功功率，因此，总的消耗有功功率大于零，无功功率也大于零。电枢反应区即发出有功功率（存在交轴电枢反应），也发出无功功率（存在直轴去磁电枢反应）。电阻感性负载时，电枢反应为交轴和直轴去磁电枢反应。

特殊情况下，当$Z_L=0$时，即相当于发电机端口三相短路，此时只有同步电抗的直轴去磁作用，所以仅有直轴去磁电枢反应。

（2）方式二：

根据时—空统一矢量图判断。

假设前提：由于电机内部R_a很小，以下分析为忽略电阻R_a的影响。

1）第一步：根据$\dot{E}_0=\dot{U}+j\dot{I}X_s$画出相量图。

2）第二步：根据相量图找到$\dot{E}_0$所在的轴，即为交轴所在的位置。超前交轴$90°$即为直轴所在的位置。

3）将电流$\dot{I}$在交轴和直轴上进行分解。

交轴上若存在I_q分量，则存在交轴电枢反应。

直轴上若存在I_d分量，则存在直轴电枢反应。I_d在直轴正半轴，为增磁；I_d在直轴负半轴为去磁。

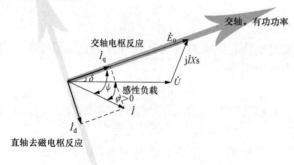

图3.9　发电机带感性负载时，采用时—空统一相量图判断电枢反应性质

以某发电机带感性负载为例，如图3.9所示。

根据时—空统一相量图可以得出内功率因数角ψ的大小与电枢反应的关系：

a. $\psi=90°$，滞后，只发出无功功率，纯直轴去磁。

b. $0<\psi<90°$，滞后，发出无功功率且发出有功功率，直轴去磁及交轴。

c. $\psi=0°$，同相位，只发出有功功率，交轴。

d. $-90°<\psi<0°$，超前，吸收无功功率且发出有功功率，直轴增磁及交轴。

e. $\psi=-90°$，超前，只吸收无功功率，纯直轴增磁。

课堂练习

（15）同步发电机稳态运行时，若所带负载为感性$\cos\varphi=0.85$，则电枢反应性质为（　　）。

A. 交轴电枢反应　　　　　　　　B. 直轴去磁电枢反应

C. 直轴去磁和交轴电枢反应　　　D. 直轴增磁与交轴电枢反应

（16）一台同步发电机忽略电阻R_a，同步电抗为1j，负载阻抗为$2-3j$，此时发电机电枢反应为（　　）。

A. 直轴反应　　　　　　　　　　B. 交轴反应

C. 直轴增磁和交轴电枢反应 D. 直轴去磁和交轴电枢反应

（17）忽略电枢绕组电阻R_a的影响，同步发电机端口短路时，电枢反应性质为（ ）。

A. 仅交轴电枢反应 B. 仅直轴去磁电枢反应

C. 仅直轴增磁电枢反应 D. 既有交轴电枢反应，也有直轴电枢反应

（18）同步发电机电枢反应的性质取决于（ ）。

A. 负载的性质 B. 发电机的电抗参数

C. 负载性质和发电机的电抗参数 D. 都无关

3.5 凸极同步发电机的电压方程、相量图和等效电路 B 类考点

3.5.1 双反应理论

凸极机的气隙是不均匀的，极面（N 极、S 极）下气隙小，两极之间气隙大。故直轴下单位面积的气隙磁导要比交轴大得多。一般情况下，电枢磁动势既不落在直轴上，也不在交轴上，而是在空间任意位置，可把电枢磁动势分解成直轴和交轴两个分量，再用对应的直轴、交轴磁导分别算出直轴、交轴电枢反应，最后把它们的效果叠加起来。这种考虑到凸极电机气隙不均匀性，把电枢反应分成直轴、交轴分别来处理的方法就是双反应理论。直轴电抗磁路和交轴电抗磁路分别如图 3.10 和图 3.11 所示。

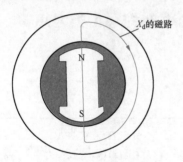
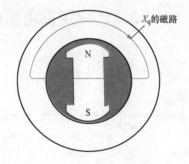

图 3.10 直轴电抗磁路 图 3.11 交轴电抗磁路

3.5.2 凸极同步发电机电压方程和相量图

1. 电动势方程

$$\dot{E}_0 = \dot{U} + j\dot{I}X_\sigma + j\dot{I}_d X_{ad} + j\dot{I}_q X_{aq}$$
$$= \dot{U} + j\dot{I}_d(X_\sigma + X_{ad}) + j\dot{I}_q(X_\sigma + X_{aq})$$
$$= \dot{U} + j\dot{I}_d X_d + j\dot{I}_q X_q$$

式中，X_d 和 X_q 分别称为直轴同步电抗和交轴同步电抗，它们是表征对称稳态运行时电枢漏磁和直轴或交轴电枢反应的综合参数。

2. 相量图

凸极同步电机的相量图如图 3.12 所示。

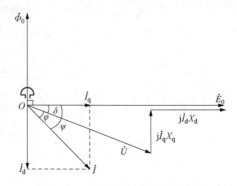

图 3.12 凸极同步电机的相量图

虚拟电动势的引入

$$\dot{E}_0 = \dot{U} + j\dot{I}_d X_d + j\dot{I}_q X_q = \dot{U} + j\dot{I}_d X_d + j\dot{I}_q X_q + (j\dot{I}_d X_q - j\dot{I}_d X_q)$$

$$= \dot{U} + j(\dot{I}_q X_q + \dot{I}_d X_q) + j\dot{I}_d(X_d - X_q) = \dot{U} + j(\dot{I}_q + \dot{I}_d)X_q + j\dot{I}_d(X_d - X_q)$$

$$= \dot{U} + j\dot{I}X_q + j\dot{I}_d(X_d - X_q) = \dot{E}_Q + j\dot{I}_d(X_d - X_q)$$

$$\dot{E}_Q = \dot{U} + j\dot{I} X_q$$

引入虚拟电动势 $\dot{E}_Q$ 后，可以得到凸极同步发电机的等效电路，如图 3.13 所示，此电路实质上是把凸极机进行"隐极化"处理的一种方式，可以简化凸极同步发电机的分析和计算，等值电路图如图 3.14 所示。

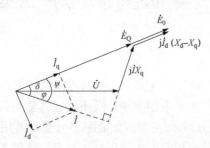

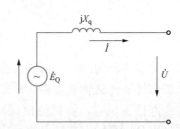

图 3.13　引入 E_Q 后的相量图　　　图 3.14　凸极同步发电机等值电路图

3.6　同步发电机的功率方程　A 类考点

3.6.1　隐极同步发电机

1. 功率方程

有名值形式	标幺值形式
①有功功率：$P_e = 3\dfrac{E_0 U}{X_s}\sin\delta$	①有功功率：$P_e^* = \dfrac{E_0^* U^*}{X_s^*}\sin\delta$
②无功功率：$Q_e = 3\dfrac{E_0 U}{X_s}\cos\delta - 3\dfrac{U^2}{X_s}$	②无功功率：$Q_e^* = \dfrac{E_0^* U^*}{X_s^*}\cos\delta - \dfrac{U^{2*}}{X_s^*}$

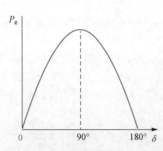

图 3.15　隐极同步发电机
的功率角特性

2. 功率角特性

当励磁电动势 E_0 和端电压 U 保持不变时，电磁功率的大小取决于功率角 δ，电磁功率 P_e 与功率角 δ 之间的关系曲线 $P_e = f(\delta)$ 称为发电机的功角特性，隐极同步发电机的功率角特性如图 3.15 所示。

3.6.2　凸极同步发电机

1. 功率角特性（公式一）

（1）功率方程。

$$P_e = 3\frac{E_0 U}{X_d}\sin\delta + 3\frac{U^2}{2}\left(\frac{1}{X_q} - \frac{1}{X_d}\right)\sin 2\delta$$

第一项 $3\dfrac{E_0 U}{X_d}\sin\delta$ 称为基本电磁功率，第二项 $3\dfrac{U^2}{2}\left(\dfrac{1}{X_q} - \dfrac{1}{X_d}\right)\sin 2\delta$ 称为附加电磁功率（磁阻功率），附加电磁功率与 E_0 无关。在数值上，基本电磁功率远大于附加电磁功率。

（2）功率角特性曲线。

凸极同步发电机的功率角特性如图 3.16 所示。

凸极同步发电机基本电磁功率在 $\delta = 90°$ 时达到最大，附加电磁功率在 $\delta = 45°$ 达到最大。总电磁功率在 $\delta = 45°\sim90°$ 达到最大。

2. 功角特性（公式二）

功率方程：$P_e = 3\dfrac{E_Q U}{X_q}\sin\delta$

当采用该公式计算凸极同步发电机的电磁功率时，注意分子为 E_Q，分母为 X_q。

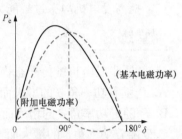

图 3.16　凸极同步发电机的功率角特性

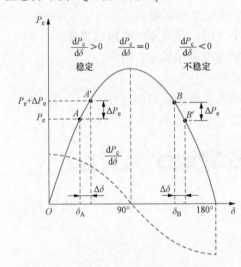

图 3.17　同步发电机的静态稳定性

3.6.3　有功功率调节和静态稳定

1. 调节方式

调节原动机的输出功率（通过改变汽门或水门大小）是调节发电机输出有功功率的唯一手段。

2. 静态稳定的概念

定义：发电机在受到小扰动后，在扰动消失时能自行恢复到原状态的能力。同步发电机的静态稳定性如图 3.17 所示。

引入发电机整步功率系数 $\dfrac{dP_e}{d\delta}$ 来衡量发电机运行的稳定程度。

若 $\dfrac{dP_e}{d\delta} > 0$，发电机是稳定的；若 $\dfrac{dP_e}{d\delta} < 0$ 时，则发电机不稳定；而 $\dfrac{dP_e}{d\delta} = 0$ 便是静态稳定极限。

影响静态稳定性的因素如下：

（1）稳定区域内，功率角越小越稳定。

（2）励磁电流保持不变，同步发电机有功输出功率越小，越稳定。

（3）同步发电机过载能力越强，越稳定。

（4）同步发电机有功输出功率不变，励磁电流越大，越稳定。

（5）同步电抗 X_s 越小，越稳定。

（6）同步发电机气隙越大，越稳定。

3. 同步发电机的静态过载能力

$$k_M = \frac{P_{emax}}{P_N} = \frac{3\dfrac{E_0 U}{X_s}}{3\dfrac{E_0 U}{X_s}\sin\delta_N} = \frac{1}{\sin\delta_N}$$

（1）稳态额定运行时，δ_N 的范围大概为 $25°\sim35°$。

（2）提高发电机静态过载能力的方法：提高 E_0，降低 X_s。

课堂练习

（19）同步发电机维持静态稳定的判据是（　　）。

A. P_e 随着功率角 δ 的增大而增大，随着功率角 δ 的减小而减小

B. P_e 随着功率角 δ 的增大而减小，随着功率角 δ 的减小而增大

C. Q 随着功率角 δ 的增大而增大，随着功率角 δ 的减小而减小

D. Q 随着功率角 δ 的增大而减小，随着功率角 δ 的减小而增大

（20）发电机保持有功输出功率不变的情况下，欲增加发电机静态稳定性，以下方法正确的是（　　）。

A. 增加发电机励磁电流　　　　　　B. 减小发电机励磁电流

C. 开大气门，增加原动机输出功率　　D. 减小气门，降低原动机输出功率

（21）同步发电机稳定运行时的功率角 δ 越小，静态稳定性越好。（　　）

A. 正确　　　　　　　　　　　　　B. 错误

（22）设计同步电机时，转子与定子之间的气隙越小，静态稳定性越好。（　　）

A. 正确　　　　　　　　　　　　　B. 错误

3.7　同步电机的励磁方式与励磁的调节　A 类考点

励磁系统为同步电机转子上的励磁绕组提供直流电流，调节励磁电流的大小可以调节发电机输出的无功功率。

1. 励磁系统分类

（1）直流励磁机励磁。

通常，直流励磁机与同步发电机同轴连接，采用并励或他励的接法。正常运行时，发电机带感性负载，为使同步发电机的输出电压保持恒定，常在励磁系统中装设一个反映负载大小的自动励磁调节器，使发电机的负载电流增大时，励磁电流也相应增大，这种系统称为复式励磁系统。具有副励磁机的直流励磁机励磁系统如图 3.18 所示。

（2）电力电子整流器励磁。

1）静止式整流器励磁系统。

静止式整流器励磁系统包括他励式和自励式两种方式。

a. 他励式静止整流器励磁系统。

主励磁机是一台与发电机同轴连接的

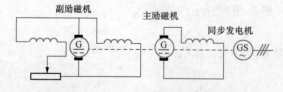

图 3.18　具有副励磁机的直流励磁机励磁系统

三相 100Hz 的发电机。其交流输出经过三相桥式不可控整流器整流后，通过集电环接到主发电机的励磁绕组。主励磁机的励磁电流由副励磁机提供，副励磁机可以通过可控整流器调节励磁大小，从而实现对主发电机的端电压控制。他励式静止整流器励磁系统如图 3.19 所示。

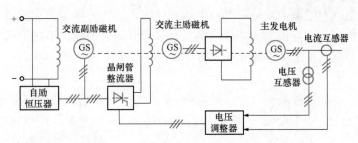

图 3.19　他励式静止整流器励磁系统

　　b. 自励式励磁系统。

　　自励式励磁系统没有旋转的励磁机，同步发电机的励磁由输出电压经励磁变压器和三相桥式半桥晶闸管整流器整流后提供，该系统便于维护。自励式励磁系统如图 3.20 所示。

　　2）旋转式整流器励磁系统。

　　当主发电机的励磁电流超过 2000A 时，为避免集电环过热，可以取消集电环和电刷装置，故也称为无刷励磁系统。主励磁机采用旋转电枢式三相同步发电机。其电枢的交流输出，经与主轴一起旋转的不可控整流器整流后，直接送到主发电机的转子励磁绕组。旋转式整流器励磁系统如图 3.21 所示。

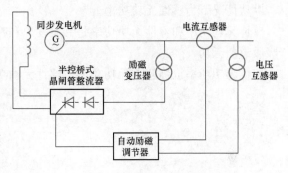

图 3.20　自励式励磁系统

　　无刷励磁系统大多用于大容量的同步发电机，特别是汽轮发电机、同步补偿机及在防燃、防爆等特殊环境工作的同步电动机。

　　2. 同步电机励磁调节

　　同步电机运行四象限如图 3.22 所示。

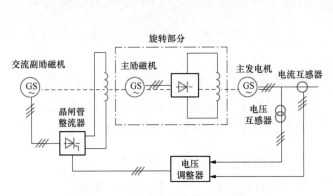

图 3.21　旋转式整流器励磁系统

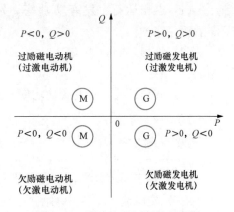

图 3.22　同步电机运行的四象限

51

（1）无论是同步发电机，还是同步电动机或是调相机，调节励磁电流是调节无功功率输出的直接手段。

正常励磁情况下，同步电机不发无功功率，也不吸收无功功率；过励磁情况下，同步电机发无功功率；欠励磁情况下，同步电机吸收无功功率。

（2）由于发电机为电源，发电机端口电压和电流正方向的规定为非关联参考方向。电动机为负载，端口电压、电流正方向的规定为关联参考方向。因此，不同励磁方式下，对于发电机和电动机端口电压、电流的相位关系如下。

1）同步发电机
$\begin{cases} \text{a. 过励磁—（\quad）无功—带（\quad）负载—端口相位（\qquad）。} \\ \text{b. 正常励磁—（\quad）无功—带（\quad）负载—端口相位（\qquad）。} \\ \text{c. 欠励磁—（\quad）无功—带（\quad）负载—端口相位（\qquad）。} \end{cases}$

2）同步电动机
$\begin{cases} \text{a. 过励磁—（\quad）无功，为（\quad）负载—端口相位（\qquad）。} \\ \text{b. 正常励磁—（\quad）无功，为（\quad）负载—端口相位（\qquad）。} \\ \text{c. 欠励磁—（\quad）无功，为（\quad）负载—端口相位（\qquad）。} \end{cases}$

3. 滞后、超前无功功率，容性、感性无功功率之间的关系

默认情况下为感性无功功率。

感性无功功率和容性无功功率是针对发出和吸收的一对相反说法，如：发出感性无功等于吸收超前无功；

容性无功功率也称超前无功功率，感性无功功率也称滞后无功功率。

笔记

4. 发电机的运行状态

根据发电机有功、无功功率的输出，可以将发电机分为以下 3 种运行状态：

（1）迟相运行：发有功功率，发无功功率——过励磁——负载功率因数角 φ 为正，滞后；

（2）进相运行：发有功功率，吸无功功率——欠励磁——负载功率因数角 φ 为负，超前；

（3）调相运行：不发有功功率，无功功率可以调节——发无功功率时，$\varphi = 90°$，吸无功时，$\varphi = -90°$。

课堂练习

（23）对于同步电机，通过调节（　　）可以调节无功功率的输出。

A. 励磁电流　　　　B. 励磁电动势　　　　C. 端电压　　　　　　D. 功率因数角

（24）某同步发电机处于正常励磁情况下，则该发电机无功功率的输出状态为（　　）。

A. 输出超前无功　　　　　　　　　B. 输出滞后无功

C. 输出无功为零　　　　　　　　　D. 条件不足，无法判断

（25）某同步发电机处于正常励磁情况下，若在此基础上增加励磁电流，则发电机处于（　　）。

A. 过励磁　　　　　B. 正常励磁　　　　　C. 欠励磁　　　　　D. 无法判断

（26）某同步发电机处于正常励磁情况下，若在此基础上增加励磁电流，则发电机输出无功功率的状态为（　　）。

A. 输出滞后无功功率　　　　　　　B. 输出超前无功功率

C. 输出无功功率为零　　　　　　　D. 无法判断

（27）某同步发电机处于正常励磁情况下，若在此基础上增加励磁电流，则发电机端口电压、电流相位关系为（　　）。

A. 电流滞后于电压　　　　　　　　B. 电流超前于电压

C. 电流、电压同相位　　　　　　　D. 无法判断

（28）同步电动机多运行在（　　）状态，以便从电网吸收（　　）电流，改善电网的功率因数。

A. 过励磁，超前　　　　　　　　　B. 欠励磁，超前

C. 欠励磁，滞后　　　　　　　　　D. 过励磁，滞后

（29）同步电动机运行在过励磁状态下时，相当于（　　）负载。

A. 容性负载　　　　B. 感性负载　　　　　C. 阻性负载　　　　D. 无法判断

（30）对于长距离的输电线路，轻载时，由于输电线路的电容电流，可使受电端（即负载端）的电压升高，此时，可使受电端的同步补偿机作（　　）运行。

A. 过励磁　　　　　B. 欠励磁　　　　　　C. 正常励磁　　　　D. 无法确定

（31）（多选）同步发电机与无穷大电网并网运行，发电机的功率因数等于 1，若保持发电机输出的有功功率不变，减小发电机的励磁电流，则以下说法正确的有（　　）。

A. 发电机给电网输出容性无功功率　　B. 发电机处于欠励状态

C. 发电机处于过励状态　　　　　　　D. 发电机给电网输出感性无功功率

（32）发电机的进相运行是指（　　）。

A. 发出有功功率、发出无功功率　　　B. 发出有功功率、吸收无功功率

C. 不发有功功率、发出无功功率　　　D. 不发有功功率、吸收无功功率

（33）同步发电机进相运行是指发电机定子电流超前于端电压，且向系统发出有功功率和容性无功功率的状态。（　　）

A. 正确　　　　　　　　　　　　　B. 错误

3.8　同步发电机空载、短路、负载特性及电抗测定　A 类考点

3.8.1　空载特性——曲线饱和

1. 定义

空载特性是指转子转速保持同步转速不变的情况下，电枢电流为零时，电枢空载端电压

$\dot{U}_0$ 与直流励磁电流 I_f 之间的关系，即

$$n = n_s, \ I = 0, U_0 = f(I_f)$$

2. 实验方法

实验时，定子绕组开路，发电机转子由原动机拖动并维持同步转速不变，逐渐改变励磁电流，记录励磁电流和对应的空载电压。一般先增大励磁电流，使 E_0 达到电机额定电压的 1.3 倍左右，然后单方向减小励磁电流并逐点记录。

3. 空载特性曲线

同步电机空载特性曲线如图 3.23 所示。

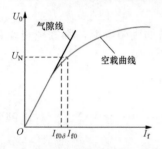

图 3.23　同步电机空载特性曲线

磁路由不饱和进入饱和：励磁电流较小时，铁芯不饱和，磁通与励磁电流成正比，空载端电压与励磁电流为线性关系。当励磁电流增加时，由于铁芯饱和，空载端电压与励磁电流的关系偏离气隙线。

3.8.2　短路特性——曲线不饱和

1. 定义

短路特性是指额定转速下，电枢绕组三相稳态短路时，电枢短路电流与励磁电流的关系，即

$$n = n_s, \ U = 0, I_k = f(I_f)$$

2. 实验方法

先将三相电枢绕组出线端短接，再起动原动机将发电机拖动至同步转速，调整励磁电流 I_f，并读取每次相应的短路电流 I_k。

3. 短路特性曲线

同步电机短路特性曲线如图 3.24 所示。

纯直轴去磁电枢反应：由于电枢电阻比同步电抗小很多，可以忽略不计，因此短路电流认为是纯感性电流，内功率因数角 ψ 接近 90°，电枢反应为纯直轴去磁作用。

磁路不饱和：由于合成磁动势很小，磁路处于不饱和状态，因此短路特性为一条过原点的直线。

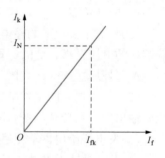

图 3.24　同步电机短路特性曲线

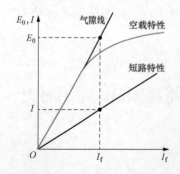

图 3.25　用空载、短路特性确定 X_d 不饱和值

3.8.3　利用空载、短路特性确定 X_d 的值

1. $X_{d(不饱和)}$ 的测定

计算公式：$X_{d(不饱和)} = \dfrac{E_0}{I_{N\phi}}$，测定方法如图 3.25 所示。

注：对于隐极机 X_d 就是 X_s。

2. 短路比 K_c

（1）定义：短路比是指空载时使空载电动势为额定值时的励磁电流，与短路时使短路电流为额定值时的励磁电流之比。

$$K_c = \frac{I_{f0(U=U_{N\phi})}}{I_{fk(I=I_{N\phi})}}$$

（2）短路比特点：短路比是同步电机设计中一个重要数据。短路比越大，同步电抗 X_d 越小，负载时，电压变化越小，发电机稳定度也越高。

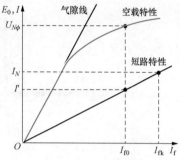

水电站输电距离长，稳定性问题较严重，要求水轮发电机有较大的短路比，一般为 0.8～1.8。为了增大短路比，要求 X_d 减小，则气隙大，相同额定电压输出情况下，额定励磁电流也增大，增加了转子的用铜量，造价高。

3. $X_{d(饱和)}$ 的确定

X_d 饱和值的确定方法如图 3.26 所示。

计算公式：

图 3.26　X_d 饱和值的确定

$$X_{d(饱和)} = \frac{U_{N\phi}}{I'} = \frac{I_{N\phi}}{I'} \times \frac{U_{N\phi}}{I_{N\phi}}$$

$$= \frac{I_{N\phi}}{I'} \times X_{d(基准)} \Rightarrow X_{d(饱和)}^* = \frac{1}{K_c}$$

注：对于隐极机 X_d 就是 X_s。

3.8.4　零功率因数负载特性和保梯电抗（即同步机定子漏抗）的求法

1. 定义

零功率因数特性是指同步发电机带上一个纯感性负载（$\cos\varphi = 0$），保持转速为同步转速，并保持负载电流 I_N 不变，发电机端电压与励磁电流之间的关系，即

$$n = n_s, \ I = I_N, \cos\varphi = 0, U = f(I_f)$$

2. 实验方法

用原动机把同步发电机拖动到同步转速，电枢接到一个可调的三相对称纯电感负载上，保持电枢电流为常数，一般电枢电流为额定电流 I_N。调节发电机励磁电流，记录不同励磁下发电机的端电压，即可得到零功率因数负载特性。

3. 特性分析

由于电机内部的电阻 R_a 远远小于同步电抗 X_s，不考虑 R_a 的影响，此时发电机只发出无功功率，电枢反应为纯直轴去磁电枢反应。

保梯三角形：零功率因数特性和空载特性之间相差一个直角三角形 AEF，该三角形称为同步电机的特性三角形或保梯三角形（potier triangle），相关特性曲线原理如图 3.27 所示。

4. 作图法求保梯三角形

在零功率因数特性曲线上求两点：一点为额定电压 F；另一点为短路点 K。通过 F 点作平行于横坐标的水平线，并截取线段 $\overline{O'F}$，使 $\overline{O'F} = \overline{OK}$，再从 O' 点作气隙线的平行线，并与空载特性相交于 E 点，然后从 E 点作铅垂线，交 $\overline{O'F}$ 于 A 点，则 $\triangle AEF$ 即为保梯三角形，如图 3.28 所示。

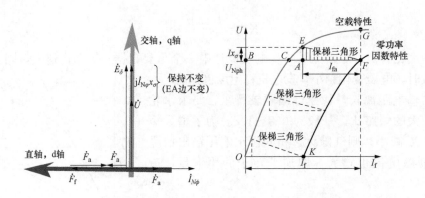

图 3.27 零功率因数特性曲线及保梯三角形原理

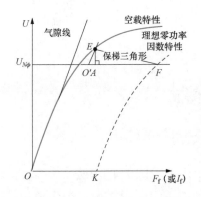

图 3.28 作图法求保梯三角形

5. 波梯电抗（即定子漏抗）

$$X_{\mathrm{p}} = X_\sigma = \frac{\overline{EA}}{I_{N\phi}}$$

用该方法求出的漏抗习惯称为波梯电抗（也称为保梯电抗），记作 X_{p}。波梯电抗所表示的漏抗比实际漏抗略大，且凸极机更加明显。

3.8.5　用转差法测定 X_{d} 和 X_{q}

如需同时测得 X_{d} 和 X_{q}，可以采用转差法。将被测同步电机用原动机拖动到接近同步转速。励磁绕组开路，再在定子绕组上加对称低电压，为 $2\%\sim5\%$ 额定电压数值。调节原动机的转速，使被试电机的转差率小于 1%，但不被牵入同步，这时定子旋转磁场与转子之间将保持一个低速相对运动，使定子旋转磁场的轴线交替地与转子直轴和交轴相重合。

当定子旋转磁场与直轴重合时，定子所表现的电抗为 X_{d}，此时电抗最大、定子电流最小，线路压降最小，端电压则为最大。当定子旋转磁场与交轴重合时，定子所表现的电抗为 X_{q}，此时电抗最小，定子电流最大，端电压为最小。故设测得的电流和电压都为每相值，则每相的同步电抗分别为 $X_{\mathrm{d}} = \dfrac{U_{\max}}{I_{\min}}$ 和 $X_{\mathrm{q}} = \dfrac{U_{\min}}{I_{\max}}$。

图 3.29 所示为转差率实验时用示波器测得的电压和电流的波形。当电枢反应磁场位于直轴时，电枢回路中的电抗为直轴同步电抗 X_{d}，故此时电枢电流波的振幅为最小。同时，转子励磁绕组交链的电枢磁通为最大，故在转子绕组中的感应电动势为零。同理，当电枢反应磁场位于交轴时，电枢回路的电抗即为交轴同步电抗 X_{q}。此时电枢电流波的振幅为

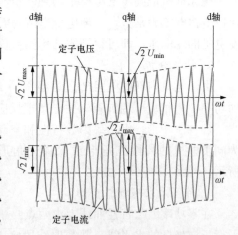

图 3.29 转差率实验时定子端电压和定子电流的波形

最大，转子绕组中交链的电枢磁通为零，故在转子绕组中感应的电动势达最大值。转差率实验所加电压很低，磁场处于不饱和状态，所以测得的同步电抗 X_d 和 X_q 均为不饱和值。一般来说，X_q 的数值为 X_d 的 60%。

课堂练习

（34）同步发电机短路比越大，电机稳定性越（　　）。

A. 好　　　　　　　　　　　　　B. 差

C. 不受短路比影响

（35）同步发电机定子漏抗可以通过（　　）计算得到。

A. 零功率因数特性和调整特性　　　　B. 调整特性和空载特性

C. 短路特性和调整特性　　　　　　　D. 零功率因数特性和空载特性

（36）同步发电机短路特性曲线是指以下哪两个量之间的关系（　　）。

A. 电枢电流和励磁电流　　　　　　　B. 励磁电动势和励磁电流

C. 励磁电动势和电枢电流　　　　　　D. 气隙合成电动势和励磁电流

（37）通过同步发电机的空载实验和短路实验可以测量凸极机的交轴同步电抗（　　）。

A. 正确　　　　　　　　　　　　B. 错误

3.9　同步发电机的稳态运行特性　B 类考点

3.9.1　同步发电机的外特性

1. 定义

是指发电机转速为同步转速不变，励磁电流和负载功率因数均为常数的情况下，改变负载电流 I 时，端电压 U 的变化曲线，即

$$n = n_s, I_f = 常数, \cos\varphi = 常数, U = f(I)$$

2. 外特性曲线

从图 3.30 可以看出，阻性负载 $\cos\varphi=1$ 时，随负载电流增加端电压降落较少，感性负载时，随负载电流增加电压降落较多；而在容性负载时，随负载电流增加，端电压可能会升高，可能会降低，还可能不变。

3. 电压调整率

发电机端电压随负载变化而变化，通常用电压变化率表示电压变化的程度，电压变化率定义：在励磁电流保持不变的条件下，电机由空载到额定负载运行时电压变化的百分值，即

$$\Delta u = \frac{E_0 - U_{N\varphi}}{U_{N\varphi}} \times 100\%$$

通常，凸极同步发电机的 Δu 在 $18\% \sim 30\%$ 范围内，隐极同步发电机由于电枢反应较强，Δu 在

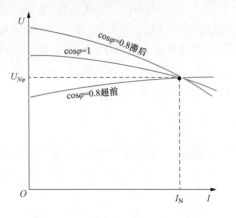

图 3.30　同步发电机外特性曲线

30%～48%范围内。

3.9.2 同步发电机的调整特性

1. 定义

发电机的调整特性是指发电机的转速为同步转速不变，负载的功率因数不变，当负载电流发生变化时，为维持端电压不变，励磁电流的变化曲线，即

$$n = n_s, U = 常数, \cos\varphi = 常数, I_f = f(I)$$

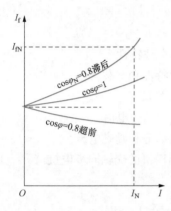

图 3.31 同步发电机调整特性曲线

2. 调整特性曲线

从图 3.31 可以看出，带纯阻性负载或感性负载时，随负载电流增加励磁电流必须增加；带容性负载时，随负载电流增加，励磁电流可能减小、可能增加、可能不变。

3.9.3 同步发电机的效率特性

1. 定义

效率特性是指发电机的转速为同步转速，端电压为额定电压、功率因数为额定功率因数时，发电机的效率与输出功率（或定子）电流的关系。

2. 效率公式

$\eta = \dfrac{P_2}{P_1} \times 100\%$，同步电机的基本损耗包括电枢的基本铁耗，电枢的基本铜耗，励磁损耗和机械损耗。励磁损耗包括励磁绕组的基本铜耗、变阻器内的损耗、电刷的电损耗及励磁设备的全部损耗。

现代空气冷却的大型水轮发电机，额定效率大致在 95%～98.5% 范围内。空气冷却的汽轮发电机的额定效率大致为 94%～97.8%；氢冷时，额定效率约可提高 0.8%。如图 3.32 所示为国产 700MW 全空冷水轮发电机的效率特性。注意，由于励磁损耗和电枢电流之间不是简单的平方关系，因此同步发电机达到最大效率的条件与变压器是不同的，需要专门分析。

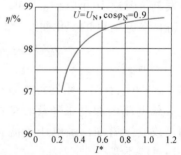

图 3.32 700MW 全空冷水轮发电机的效率特性

课堂练习 📚

（38）一台同步发电机转速为同步转速保持不变，励磁电流不变，所带负载为感性且功率因数不变，则当负载逐渐增加时，端口电压（　　）。

A. 变大　　　　　B. 变小　　　　　C. 不变　　　　　D. 无法判断

（39）为了维持同步发电机端电压不变，当发电机带感性负载，且功率因数保持不变，则当电枢电流变大时，励磁电流应该如何调节？（　　）

A. 变大　　　　　　B. 变小　　　　　　C. 不变　　　　　　D. 无法判断

3.9.4　同步发电机及同步电动机的 V 形曲线

1. V 形曲线的意义

V 形曲线给运行管理人员的帮助很大，根据负载大小，给定励磁电流，就能知道电枢电流的大小，以及功率因数的数值。也可以知道，励磁电流不变时，负载变化对电枢电流和功率因数的影响。或是为了维持功率因数不变，当负载发生变化后，应该怎样调节发电机的励磁电流。

2. V 形曲线的制订

同步发电机的 V 形曲线绘制如图 3.33 所示。

方式一：通过测定同步发电机的参数，画出电动势相量图，间接画出发电机的 V 形曲线。

方式二：通过实际的负载实验测量出 V 形曲线。

同步电动机的 V 形曲线：

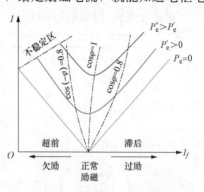

图 3.33　同步发电机的 V 形曲线

笔记

课堂练习

（40）隐极同步发电机，有功功率输出不变，开始时处于过励运行状态。现逐渐减小励磁电流，则定子电流（　　）。

A. 一直减小　　　　　　　　　　B. 一直增大

C. 先增大后减小　　　　　　　　D. 先减小后增大

（41）一台稳定运行的同步发电机，保持有功功率输出不变，功率因数 $\cos\varphi = 0.8$（滞后）变成 $\cos\varphi = 0.9$（滞后）。电枢电流（　　），励磁电流变化（　　）。

A. 变小，变小　　　　　　　　　B. 变小，变大

C. 变大、变小　　　　　　　　　D. 变大、变大

（42）一台稳定运行的同步发电机，保持有功功率输出不变，功率因数 $\cos\varphi = 0.8$（超前）变成 $\cos\varphi = 0.9$（超前）。电枢电流（　　），励磁电流变化（　　）。

A. 变小，变小　　　　　　　　　B. 变小，变大

C. 变大、变小　　　　　　　　　D. 变大、变大

（43）一台并联于大电网运行的同步发电机，负载的功率因数保持不变。当输出的有功功率增加时，只需要加大原动机的输入，励磁不需要变化。（　　）

A. 正确　　　　　　　　　　　　B. 错误

3.10 同步发电机与电网的并网运行 A 类考点

3.10.1 并网运行条件

同步发电机并网接线图如图 3.34 所示。

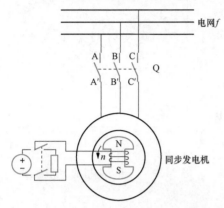

图 3.34 同步发电机并网接线图

（1）发电机和电网的相序相同。

（2）发电机的频率与电网频率相同。

（3）发电机和电网的电压大小相同。

（4）发电机和电网的电压相位相同。

4 个条件中相序是必须满足的，其他条件允许有误差。

3.10.2 并网投入方式

1. 准确整步法（准同期并列）

先把发电机调整到完全合乎并网的状态，然后投入电网。

第一步：原动机拖动发电机转子转到同步转速 n_s。

第二步：在转子加励磁。

第三步：等待相位角相同时，并网。

准确整步法的优点是无冲击电流，缺点是并网速度慢。

2. 自整步法（非同期并列）

在相序、频率满足，电压大小、相位不满足的情况下，先并网，将发电机牵入同步转速，然后再加励磁。

第一步：不加励磁电源（励磁绕组经限流电阻短接），将同步电机转子拖动接近同步转速。

第二步：发电机并网后再加励磁电源。

自整步法的优点是并网速度快，缺点是有冲击电流。在电网出现故障时，需要把发电机迅速投入电网运行，这时就需要采用这种方法。

课堂练习

（44）（多选）同步发电机并网的条件（   ）。

A. 相序相同　　　　　　　　　　B. 频率相同

C. 电压幅值相同　　　　　　　　D. 电压相位相同

（45）同步发电机并网时，若发电机端电压 U_g 幅值大于电网电压 U_s 幅值，则并网后发电机（   ）。

A. 输出滞后电流　　　　　　　　B. 输出超前电流

C. 吸收滞后电流　　　　　　　　D. 以上都不对

3.11　同步电动机起动　C 类考点

同步电动机不能自起动，必须采取起动措施。

同步电动机的起动方法有异步起动法、辅助动机起动法和变频电源起动法。现在广泛应用的起动方法是异步起动。同步电动机异步起动时的线路图如图 3.35 所示。

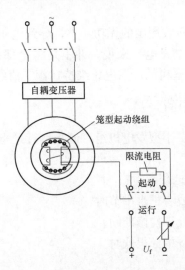

图 3.35　同步电动机异步起动时的线路图

异步起动：在同步电动机的主磁极上装设阻尼绕组（类似异步电动机转子上的笼型绕组）作为起动绕组，完成异步起动。为了安全起见，先把励磁绕组接至限流电阻形成闭合回路，然后按照异步电动机的起动方法进行起动，待转速接近同步转速，将励磁绕组换接到励磁电源，依靠定、转子磁场相互作用将转子牵入同步。

3.12　同步发电机的特殊运行方式　B 类考点

3.12.1　同步发电机进相运行

1.进相运行的原因

由于配电网电缆线路增多及高压输电线路充电功率等原因，使电力系统中的无功增加。在节假日或者午夜等用电负荷较轻的情况下，需要通过并联电抗器或者调相机，或使发电机进入进相运行来吸收多余的无功功率，抑制电网电压的升高，避免超过正常电压范围。

2.进相运行可能带来的问题

（1）静态稳定性降低。

进相运行后，发电机的励磁电流 I_f 减小，感应电动势 E_0 减小，根据功率方程可知，此时功率角 δ 变大，静态稳定性降低。

（2）发电机端部漏磁通发热。

发电机端部漏磁通是由定子绕组端部漏磁通与转子绕组端部漏磁通组成的合成漏磁通。

其大小除与发电机的结构、型式、材料、短路比等因素相关外，还与定子电流大小、功率因数的高低有关。

端部漏磁的影响因素：

1）同步发电机由迟相进入进相运行，漏磁通增大。

2）发电机输出功率越大，端部漏磁越大。

因此，发电机进入进相运行后，应该降低发电机的输出功率。

（3）厂用电压降低。

发电机进入进相运行后，吸收周围的无功功率，导致电压降低。因此，为了保证厂用大型电动机的连续运行，对于一个发电厂来说，并不是将全部机组同时进行运行，而是选择1~2台作进相运行，以保证发电机的厂用电压维持在额定值的95%以上。

3.12.2 同步发电机调相运行

进入调相运行的往往是中、小型发电机组。调相运行是指发电机不发有功功率，只发或者吸收无功功率的状态。

1. 什么时候需要进入调相运行

（1）水轮发电机在低水位或者枯水季节时。

（2）汽轮发电机的汽轮机处于检修期间。

（3）汽轮发电机的技术经济指标很低时。

2. 运行状态

（1）发无功功率：当系统无功功率不足，运行电压偏低，负荷又在电厂附近时。

（2）吸无功功率：当系统无功功率过剩，运行电压较高，且发电厂在低负荷下经长距离向系统输电时。

课堂练习

（46）发电机进入进相运行后，静态稳定性也相应地提高了。（   ）

A. 正确　　　　　　　　　　B. 错误

（47）发电机进入进相运行后，应该同时升高发电机的输出功率。（   ）

A. 正确　　　　　　　　　　B. 错误

3.13　同步发电机的非正常运行　B 类考点

3.13.1 同步发电机异步运行

1. 发生的原因

（1）励磁系统突然故障。

（2）误切发电机励磁开关。

2. 现象

（1）转子电流表指示为零或接近零。

（2）定子电流表指针摆动且增大。

（3）有功功率表指示减小且指针摆动。

（4）无功功率表指示负值，功率因数表指示进相。

（5）发电机母线电压下降并摆动。

（6）转子过热。

3.13.2　同步发电机突然甩负荷

1. 原因

由于线路故障突然跳闸。

2. 现象

（1）发电机转速增加。

（2）端电压升高。

3.13.3　同步发电机不对称运行

发电机三相电流不对称或三相负荷不对称的运行称为发电机的不对称运行。

1. 原因

（1）电力机车、电炉等引起的三相负荷不对称。

（2）线路断线、线路非全相运行、两相一地制等引起三相输电线路不对称。

2. 影响

负序电流产生的负序磁场以 $2n_s$ 切割转子，在转子上产生 2 倍频（100Hz），电动势和电流引起转子过热及振动。

课堂练习 📚

（48）同步发电机突然甩负荷后，发电机的端口电压（　　）。

A. 升高　　　　　　B. 降低　　　　　　C. 不变　　　　　　D 无法判断

（49）同步发电机突然甩负荷后，发电机的转速（　　）。

A. 升高　　　　　　B. 降低　　　　　　C. 不变　　　　　　D. 无法判断

（50）（多选）同步发电机由于励磁绕组断线，造成发电机失磁后的现象为（　　）。

A. 转子电流表指示为零或接近零　　　　B. 定子电流表指示为零或接近零

C. 不再发出有功功率　　　　　　　　　D. 可能进入异步运行状态

3.14　高次谐波磁动势分析　B 类考点

3.14.1　转子侧主磁场中的谐波

1. 发生的原因

在凸极同步电机中，主极磁场沿电枢表面的分布一般呈平顶波，由于正弦波的对称性，应用傅里叶分析，磁通密度的空间谐波中只有奇次谐波，$v=1，3，5，\cdots$，主极磁通密度的空间分布曲线如图 3.36 所示。

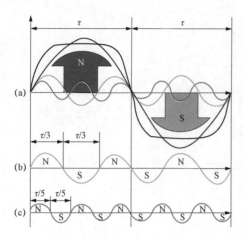

图 3.36　主极磁通密度的空间分布曲线

2. 各次谐波磁动势特点

（1）所有谐波随转子转动，转速与转子转速相同，即与基波速度相同。

（2）v 次谐波磁场极对数为基波的 v 倍。极距为基波的 $1/v$。

（3）v 次谐波磁场在定子绕组中感应的电动势，其频率为 $v f_1$。

（4）谐波次数越高，幅值越小。

3. 转子主磁场中的谐波对定子侧感应电动势的不利影响

（1）发电机端口电压波形畸变。

（2）发电机本身的附加损耗增加，温升高，效率降低。

（3）发电机产生的高次谐波电动势可能引起线路电感、电容发生谐振，产生过电压。

（4）对邻近通信线路参数干扰。

4. 消除主磁通谐波感应电动势的方法

数学分析表明，谐波次数越高，幅值越小，因此，主要考虑消除 3、5、7 次谐波电动势。

（1）改善极靴外形，使转子磁极磁场沿电枢表面的分布接近正弦波。

（2）对于定子侧所感应的三次谐波电动势。采用发电机接线和升压变压器低压侧接线相配合的方式来消除，其不利影响发电机采用 Y 不接地接线，升压变压器的低压侧采用 △ 接线。

（3）采用短距绕组：利用短距消除谐波电势或磁势，需取 $y=\left(1-\dfrac{1}{v}\right)\tau$，即节距缩短 τ 的 $1/v$ 倍，就能消除 v 次谐波线电动势。一般采用 $5/6\tau$ 的绕组，即缩短 $1/6$ 倍的节距，这样能最大程度地同时减小线电动势中的 5、7 次谐波。

（4）采用分布绕组：每极每相槽数越多，抑制谐波电动势效果越明显。现代交流电机一般选用 $2\leqslant q\leqslant 6$。

3.14.2　定子侧的谐波磁动势

1. 三相绕组各谐波磁动势特点

（1）对于 3、9、15 等 3 的倍数次谐波，合成磁动势为 0，即不含有 3 及 3 的倍数次谐波。

（2）对于 $v=6k+1$，即 7、13、19 次谐波（同正序转向），合成磁动势正向旋转。

（3）对于 $v=6k-1$，即 5、11、17 次谐波（同负序转向），合成磁动势反向旋转。

（4）v 次谐波的转速为 n_s/v。

（5）v 次谐波，极对数为基波的 v 倍，极距为基波的 $1/v$。

（6）绕组谐波磁场在定子上感应出的电动势频率为基频，因此归并为定子绕组漏磁场，成为电枢绕组漏抗的一部分。

2. 对电机的影响

将在转子上产生高次谐波，转子过热。

第4章

异 步 电 机

4.1 异步电动机的结构 A类考点

4.1.1 异步电动机的结构和分类

1. 结构

如图4.1所示，异步电动机的结构包括定子、转子、定子绕组出线盒、集电环、轴承、端盖。

定子：
- 定子铁芯：磁路一部分，安放定子绕组，采用0.5mm厚的硅钢片（为了减小铁耗）。
- 定子绕组：电路的一部分，采用铜线。
- 机座：固定和支撑定子铁芯。

转子：
- 转子铁芯：磁路一部分，采用硅钢片。
- 转子绕组：分为绕线型、笼型。为本身所短接的绕组，不需要另外提供电源。
- 转轴：铁芯柱。

2. 分类

按照转子结构分为绕线型、笼型。

绕线型：如图4.1所示，绕线转子上放置三相交流绕组，其极数与定子相同，一般用双层绕组连接成Y形，三相出线端子引到三个集电环上，再利用3个固定在定子上的电刷将电动势引出到外电路，这样可利用外电路串附加电阻改善电动机的起动性能或调节转速。绕线转子的特点是可以通过集电环和电刷在转子绕组中接入附加电阻，用以改善电动机的起动性能、调速性能及制动性能。

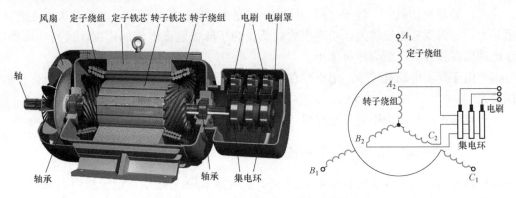

图4.1 绕线转子异步电动机的结构

笼型：如图4.2所示，在转子铁芯的每个槽中放置一根导体，称为导条，每根导条的两端用短路环（也称为端环）把所有导条伸出铁芯的部分联结起来，形成一个闭合回路。如果去掉铁芯，整个绕组如一个"鼠笼"，因此称为笼型绕组。小型电动机采用铸铝结构。中、大型采用铜。它的特点是转子的极对数自动与定子极对数匹配，适合变极调速场合。

注意：无论是绕线型，还是笼型异步电动机，定子、转子的极对数必须相同，这是产生恒定电磁转矩必须具备的前提条件。

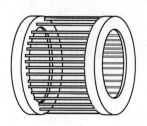

图 4.2　笼型转子

4.1.2　异步电动机与变压器的对比

异步电动机别称为旋转的变压器，这是因为异步电动机在能量传递上与变压器十分类似，很多可以应用于变压器的方法、理论，异步电动机同样适用。

异步电动机转子静止（堵转状态）与变压器短路的状态相类似。

相似点：定子侧相当于变压器的一次侧，转子侧相当于变压器的二次侧，变压器的二次侧和异步电动机的转子侧电动势、电流都是电磁感应产生的。

区别：

（1）异步电动机三相合成磁动势为旋转磁动势，变压器为脉振磁动势。

（2）异步电机动定、转子之间有气隙，空载电流较大，一般异步电动机空载电流占额定电流的 20%～40%。而变压器一、二次绕组之间磁路无气隙，空载电流较小；一般变压器空载电流占额定电流的 0.1%～5%。

（3）由于异步电动机存在气隙，因此其励磁阻抗标幺值比变压器小得多。对于变压器一般$R_m^* = 1$～5，$X_m^* = 10$～50，而异步电动机为$R_m^* = 0.08$～0.35，$X_m^* = 2$～5。

注意：异步电动机定、转子之间的间隙，也是主磁路的组成部分。气隙越大，主磁路的磁阻越大，所需励磁电流越大，功率因数越低。为了降低励磁电流的比例，提高功率因数，异步电动机在设计时气隙应尽可能小。

（4）由于异步电动机转子、定子存在气隙，没有变压器耦合程度高，因此漏抗标幺值比变压器大。

（5）异步电动机的绕组是分布绕组，而变压器的绕组为集中绕组。

4.1.3　异步电动机定子绕组的接线方式

（1）高电压、大中容量的异步电动机定子绕组常采用 Y 联结，定子绕组出线盒只有 3 根引出线。

（2）小容量异步电动机，定子绕组出线盒有 6 根出线，可接成 Y 形或者 △ 形，如图 4.3 所示。

有些电动机可以用在两种不同的额定电压下，视额定电压和电源电压的配合情况而定。如某电动机的铭牌上标有符号 △/Y 和数字 220/380，前者表示定子绕组的接法，后者表示对应于不同接法应加的额定线电压值。

4.1.4　异步电动机的额定值

（1）额定功率 P_N：指电动机在额定运行时轴上输出的机械功率，单位是 kW。

（2）额定电压 U_N：指额定运行状态下加在定子绕组上的线电压，单位为 V。

（3）额定电流 I_N：指电动机在定子绕组上加额定电压、轴上输出额定功率时，定子绕组中的线电流，单位为 A。

（4）额定频率 f：指我国规定工业用电的频率是 50 Hz。

（5）额定转速 n_N：定子加额定频率、额定电压，且轴端输出额定功率时电动机的转速，单位为 r/min。

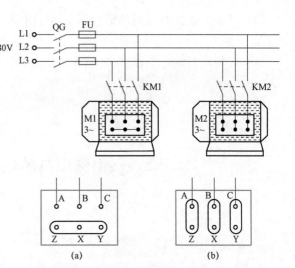

图 4.3　异步电动机引出线联结方式
（a）M1 电动机 Y 联结；（b）M2 电动机 △ 联结

（6）额定功率因数 $\cos\varphi_N$：指电动机加额定负载时，定子侧的功率因数。

（7）额定效率 η_N：电动机带额定负载时的效率，η_N 在 $85\%\sim96\%$，容量越大，一般额定效率越高。

【例 4.1】　三相异步电动机输出功率 $P_N=5.5$kW，额定电压 $U_N=380$V，额定电流 $I_N=11.7$A，电动机功率因数 $\cos\varphi_N=0.83$，求电动机的输入功率 P_1 和效率 η。

笔记

课堂练习

（1）笼型、绕线转子异步电动机结构上的主要区别在于（　　）。

A. 定子上　　　　　　　　　　　B. 转子上

C. 定子和转子　　　　　　　　　D. 结构上无区别

（2）（多选）感应电动机的结构可以分为（　　）。

A. 绕线型　　　　　　B. 凸极机　　　　　　C. 隐极机　　　　　　D. 笼型

（3）异步电动机的额定功率为额定运行时转子侧输出的机械功率。（　　）

A. 正确　　　　　　　　　　　　　　　B. 错误

（4）异步电机转差率在（　　）时，电动机处于发电机运行状态。

A. $0 < s < 1$　　　　B. $s < 0$　　　　　C. $s > 1$　　　　D. 以上都不正确

（5）感应电动机的功率因数总是滞后的。（　　）

A. 正确　　　　　B. 错误

4.2　三相异步电动机的运行　A 类考点

4.2.1　旋转磁场

1. 旋转磁场的产生

定子绕组通入单相交流电时产生脉振磁场；通过三相对称交流电就会在气隙中产生旋转磁场。

2. 旋转磁场的方向

旋转磁场的方向取决于三相电流的相序：正序则正转、负序则反转。因此要想改变三相异步电动机的转向，只需任意交换定子侧的两根电源线即可。

3. 旋转磁场的转速

$$n_s = \frac{60 f_1}{p}$$

可见，旋转磁场的转速取决于电源（定子）频率 f_1 和电动机的磁极对数 p。在我国，工频频率 $f_1 = 50\mathrm{Hz}$，不同极对数所对应的同步转速见表 4.1。

表 4.1　　　　　　　　工频频率下不同极对数所对应的磁场同步转速

p	1	2	3	4	5	6
n_s（r/min）						

4.2.2　异步电动机的工作原理

异步电动机的电枢绕组在定子上，当定子绕组接通三相交流电时，就会在空间气隙中产生旋转磁场；转子同旋转磁场间就有了相对运动，转子导体切割磁力线而产生感应电动势。在感应电动势作用下，闭合的转子导体中就会出现感应电流（该转子中产生的电流为交流电，频率为 $s f_1$），该感应电流在磁场的作用下产生电磁力 F，由该电磁力产生转矩，转子就转动起来了。转子的转动方向与旋转磁场的方向相同。

4.2.3　转差率

1. 转差率存在的原因

异步电动机工作过程中，只有当转子绕组与气隙磁场之间存在相对运动时，才能在转子绕组上产生感应电流及电磁转矩，以实现机电能量转换。所以转子的转速 n_s 不可能达到与旋

转磁场的转速 n_s 相等，即 n 永远不等于 n_s。

2. 转差率

为了表征转子转速与同步转速的相差程度，提出了转差率 s 的概念，即

$$s = \frac{n_s - n}{n_s}$$

转差率是分析异步电动机运行特征的一个重要物理量。电动机运行状态下，转差率变化范围在 $0 \sim 1$。

（1）电动机发生起动或堵转时，转子尚未旋转，$n = 0$，转差率 $s = 1$。

（2）电动机空载时，在不考虑摩擦的理想情况下，此时转子转速 $n_0 = n_s$，$s = 0$。

（3）额定负载时，转差率较小，即 $s = 0.01 \sim 0.06$。

【例 4.2】　一台三相异步电动机的额定转速为 960r/min。试求电动机的极数和额定负载时的转差率。电源频率 $f_1 = 50 \text{Hz}$。

笔记

4.2.4　异步电动机的运行状态

三相异步电动机通过流入定子绕组的三相电流产生气隙旋转磁场，由气隙旋转磁场与转子感应电流相互作用，产生气隙转矩。正常情况下，异步电动机的转子转速总是略低或略高于旋转磁场的转速。为了表征转子转速与同步转速的相差程度，提出了转差率 s 的概念，即

$$s = \frac{n_s - n}{n_s}$$

转差率是表征异步电动机运行状态和运行性能的一个基本变量。按照转差率的正、负和大小，异步电动机有电动机、发电机和电磁制动 3 种运行状态，如图 4.4 所示。

1. 电动机状态

电磁转矩的方向与旋转磁场及转子旋转方向都相同，电磁转矩为驱动性质的转矩。转差率：$0 < s < 1$。

应用场合：交流起重机提升重物时。

2. 发电机状态

电磁转矩方向与旋转磁场和转子转向都相反，电磁转矩为制动性质的转矩。转差率：$s < 0$。

应用场合：电机用原动机驱动，使转子转速高于旋转磁场转速。

3. 电磁制动状态

电磁转矩的方向与旋转磁场的转向相同，但与转子转向相反。为制动性质的转矩。转差率：$s > 1$。

应用场合：①交流电动机下放重物时；②电动机反接制动时。

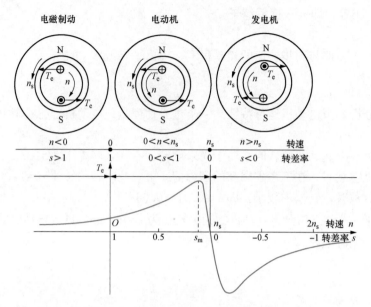

图 4.4 异步电动机的 3 种运行状态

（图中 N、S 代表气隙选择磁场的极性，·和×表示转子绕组内的

感应电动势和转子电流有功分量的方向）

4.2.5 异步电动机转子侧运行参数分析和计算

（1）转子电动势的频率：$f_2 = s f_1$

由公式可知，转子电流的频率是变化的，与转差率有关。正常运行时，转子电流的频率很低，为 $1\sim3\mathrm{Hz}$。所带负载越重时，转速越低，转差率越大，转子的电流频率就越大。

（2）转子绕组的感应电动势：$E_{2s} = 4.44 f_2 N_2 k_{w2} \Phi_m = s E_2$

E_2 为转子不转时的感应电动势。转子绕组的感应电动势与转差率有关，转差率越大，转子与旋转磁场的相对运动越大，转子侧感应电动势越大。

（3）转子绕组的电阻和漏抗：忽略集肤效应，认为 R_2 不变；

$$X_{2\sigma s} = 2\pi f_2 L_{2\sigma} = 2\pi s f_1 L_{2\sigma} = s X_{2\sigma}$$

$X_{2\sigma}$ 为转子不转时转子的漏抗。转子漏抗是变化的，与转差率有关。所带负载越重，转差率越大，转子的漏抗越大。

（4）转子绕组的电流：

正常运行时，转子端电压 $U_2 = 0$，$\dot{I}_2 = \dfrac{\dot{E}_{2s}}{R_2 + jX_{2\sigma s}} = \dfrac{s\dot{E}_2}{R_2 + js X_{2\sigma}}$；

有效值：$I_2 = \dfrac{s E_2}{\sqrt{R_2^2 + (s X_{2\sigma})^2}} = \dfrac{E_2}{\sqrt{\left(\dfrac{R_2}{s}\right)^2 + (X_{2\sigma})^2}}$；

理想空载时，$s = 0$，转子侧无电流，转子侧处于开路状态。定子侧的电流为励磁电流。带上负载后，转子侧产生感应电流。稳定运行时，负载越重，转速越低，转差率越大，转子侧的电流越大。

（5）转子绕组的功率因数：

$$\cos\varphi_2 = \frac{R_2}{\sqrt{R_2^2+(sX_{2\sigma})^2}}, \varphi_2 = \arctan\frac{X_{2\sigma s}}{R_2} = \arctan\frac{sX_{2\sigma}}{R_2}$$

笔记

（6）转子磁场、定子磁场的转速：

定、转子磁场速度之间的关系如图 4.5 所示。

转子磁场相对于转子的速度：$\Delta n = \dfrac{60\,f_2}{p} = \dfrac{60\,s\,f_1}{p} = sn_s$

转子磁场相对于定子的速度：$\Delta n + n = sn_s + n = n_s$
转子磁场与定子磁场相对静止。

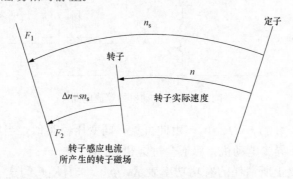

图 4.5　定、转子磁场速度之间的关系

课堂练习

（6）已知一台三相异步电动机在 A、B、C 三相对称电源供电的情况下转子的转向为逆时针。若由于疏忽，误将 A、B 两相的电源接反（即 A、B 两相对调），则下列哪个现象是正确的？（　　）

A. 异步电动机不能正常工作，转子不动

B. 异步电动机不能正常工作，发生飞车现象

C. 异步电动机可以正常工作，转向为顺时针

D. 异步电动机可以正常工作，转速减小，转向不变

（7）一台三相异步电动机，定子绕组接到 $f=50\mathrm{Hz}$ 的三相对称电源上，已知它运行在额定转速 $n_\mathrm{N}=980\mathrm{r/min}$ 状态下，则定子旋转磁场相对于转子磁场的运动速度为（　　）。

A. 0r/min　　　　　　B. 20r/min　　　　　　C. 980r/min　　　　　　D. 1000r/min

（8）异步电动机堵转时的转差率为1。（　　）

A. 正确　　　　　　　　　　　　B. 错误

（9）三相6极异步电动机带额定负载运行时，定子频率为50Hz，转子转速为960r/min，则转子频率为（　　）。

A. 50Hz　　　　　　B. 49Hz　　　　　　C. 2Hz　　　　　　D. 1Hz

4.3　三相异步电动机的等值电路和功率及转矩　A 类考点

4.3.1　异步电动机的等值电路

异步电动机的等值电路如图 4.6 所示，与变压器非常类似，相关铜耗、铁耗、主磁通、漏磁通的物理意义相同。但由于异步电动机转子电量的频率与定子侧不同，因此在归算时除了绕组的归算外，还包括频率的归算。

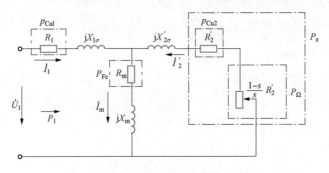

图 4.6　异步电动机的等值电路

感应电动势：$U_1\approx4.44fN_1k_{\mathrm{w1}}\varPhi_\mathrm{m}$，由此可见，同变压器类似，当异步电动机定子侧电源过电压或者低频时，异步电动机主磁通会过饱和。

定子侧铜损：用 R_1 上所消耗的有功功率表示，$p_{\mathrm{Cu1}}=3I_1^2R_1$，与定子侧输入电流的平方成正比。

转子侧铜损：用 R_2' 上所消耗的有功功率表示，$p_{\mathrm{Cu2}}=3I_2'^2R_2'$，与转子电流的平方成正比。

定子侧铁损（异步电动机铁损）：用 R_m 上所消耗的有功功率表示，$p_{\mathrm{Fe}}=3I_\mathrm{m}^2R_\mathrm{m}$。

注：由于气隙磁通与定、转子都有相对运动，从而在定、转子铁芯中产生磁滞和涡流损耗，这就是异步电动机的铁损。由于气隙磁通与定子的相对运动远比与转子的相对运动大得多，因此，转子的铁损很小，可忽略不计。在分析异步电动机的铁损时只有定子的铁损。

总机械功率：用 $\dfrac{1-s}{s}R_2'$ 上所消耗的有功功率 P_Ω 表示。

定子漏抗、转子漏抗：漏抗包括的漏磁有槽漏磁通、端部漏磁通、谐波漏磁通。

4.3.2　异步电动机的功率图

图 4.7 中，P_1 为输入的总电功率；p_{Cu1} 为定子侧的铜耗；p_{Fe} 为铁损耗；P_Ω 为总机械功率。

机械损耗：电动机在运行时，会产生轴承及风阻等摩擦阻转矩，一般看作不变损耗。

杂散损耗（附加损耗）：由于定、转子的开槽及磁动势里的谐波所产生的，常被看作可变损耗。根据经验估算，一般大型电动机中为输出功率的 0.5%，中、小型电动机中为输出功率的 1%～3%。

$p_{mec} + p_{ad}$ 为转子上的空载损耗 P_0；P_2 为转子的输出功率。

功率关系：$p_{Cu2} = sP_e$，$P_\Omega = (1-s) P_e$，$\dfrac{p_{Cu2}}{P_\Omega} = \dfrac{s}{1-s}$

或记为：$P_e : P_\Omega : p_{Cu2} = 1 : (1-s) : s$

传递到转子的电磁功率 P_e 中，s 部分变为转子铜耗，$(1-s)$ 部分转换为总机械功率。

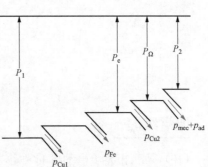

图 4.7　异步电动机的功率图

4.3.3　异步电动机的转矩

(1) 转矩公式一：$T = 9.55 \dfrac{P}{n}$，转矩与功率和转速的关系。

1) 电磁转矩：等于电磁功率除以同步角速度（对应速度为磁场速度）：$T_e = \dfrac{P_e}{\Omega_s} = 9.55 \dfrac{P_e}{n_s}$，或等于机械功率除以机械角速度：$T_e = \dfrac{P_\Omega}{\Omega} = 9.55 \dfrac{(1-s) P_e}{(1-s) n_s} = 9.55 \dfrac{P_\Omega}{n}$。

2) 空载转矩：等于机械损耗＋杂散损耗除以机械角速度：$T_0 = 9.55 \dfrac{p_{mec} + p_{ad}}{n}$。

3) 输出转矩：等于输出功率除以机械角速度：$T_2 = \dfrac{P_2}{\Omega} = 9.55 \dfrac{P_2}{n}$。

电磁转矩等于空载转矩和输出机械转矩之和：$T_e = T_2 + T_0$。

P 的单位 W；T 的单位 N·m；n 的单位 r/min。

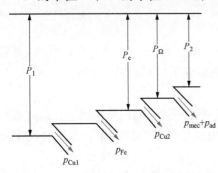

图 4.8　三相感应电动机的功率图

(2) 转矩公式二：$T_e = C_T \Phi_m I_2 \cos \varphi_2$

式中，C_T 为三相异步电动机的转矩常数，φ_2 为转子侧功率因数角。该公式说明电磁转矩与气隙主磁通 Φ_m 和转子电流的有功分量 $I_2 \cos \varphi_2$ 成正比。

【例 4.3】　一台六极三相感应电动机，如图 4.8 所示。$P_N = 7.5kW$，$f = 50Hz$，$n_N = 960r/min$，额定运行时定子铜耗 $p_{Cu1} = 474W$，铁耗 $p_{Fe} = 231W$，机械损耗 $p_{mec} = 45W$，附加损耗 $p_{ad} = 38W$，求额定运行时的转差率、转子铜耗、输入功率、空

载转矩、电磁转矩。

解：

笔记

（10）某三相异步电动机的额定功率 $P_N=75kW$，额定转速 $n_N=1480r/min$，额定输出转矩 T_{2N} 为（   ）。

A. 484N · m   B. 968N · m   C. 242N · m   D. 513N · m

（11）一台异步电动机转差率为 $s=0.02$，转子铜耗为 200W，则总机械功率为（   ）。

A. 10000W   B. 200W   C. 9800W   D. 4W

（12）一台三相四极异步电动机，转子速度等于 1470r/min，则电磁功率中有多少转化为转子铜耗？（   ）

A. 2%   B. 4%   C. 96%   D. 98%

4.4　三相异步电动机参数的测定　B 类考点

4.4.1　空载实验

1. 实验目的

测量电动机励磁参数 R_m、X_m 和铁耗 p_{Fe} 及机械损耗 p_{mec}。

2. 实验方法

维持电压频率 $f=50Hz$，转子上不带负载，转速 $n=n_s$。将电压从 $(1.1\sim1.2)U_N$ 逐渐下降到 $0.3U_N$，记录空载相电流 I_0 和空载三相功率 P_0 随相电压 U 的变化。如图 4.9 所示。

3. 实验参数计算

空载时，三相输入功率全部消耗在定子铜耗、定子铁耗和转子的机械损耗上。因此有公式：$P_0-3I_0^2R_1=p_{Fe}+p_{mec}$。式中，①定子电阻 R_1 可用电桥法或伏安法测定。②铁耗与电压的平方成正比。③机械损耗近似为常数。

如图 4.10 所示，将铁耗和机械损耗两项之和作为纵坐标，以定子相电压的平方作为横坐标，则该线近似为一条直线。该直线交纵坐标于 A 点，则 A 点以下部分为机械损耗，A

点以上部分为铁耗。

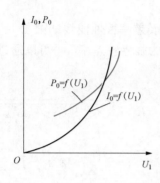

图 4.9　I_0、p_0 的空载特性曲线

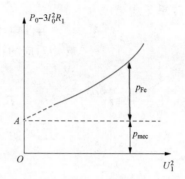

图 4.10　铁耗和机械损耗的分离

励磁电阻：$R_m = \dfrac{p_{Fe}}{3I_0^2}$。

空载电抗：$X_0 = \sqrt{|Z_0|^2 - R_0^2}$，其中 $X_0 = X_{1\sigma} + X_m$，$R_0 = R_1 + R_m$，漏抗 $X_{1\sigma}$ 可以通过堵转实验确定，最终可求得励磁电抗 X_m 的值。

4.4.2　堵转实验

1. 实验目的

测量电动机短路阻抗（R_k 和 X_k）。

2. 实验方法

维持电源频率 $f = 50\mathrm{Hz}$，转子堵转。端电压从较低电压，如 $0.4U_N$ 逐渐下降，记录定子相电流 I_k 和三相功率 p_k 随相电压 U 的变化。

3. 实验参数计算

$$|Z_k| = \frac{U_1}{I_k} = \frac{U_k}{I_{1N}}$$

$$R_k = \frac{p_k}{3I_k^2} = \frac{P_k}{3I_{1N}^2}$$

$$X_k = \sqrt{|Z_k|^2 - R_k^2}$$

其中，$R_k = R_1 + R_2'$，$X_k = X_{1\sigma} + X_{2\sigma}'$，可得 $R_2' = R_k - R_1$，$X_{1\sigma} \approx X_{2\sigma}' = X_k/2$。

4.5　三相异步电动机的机械特性　A 类考点

4.5.1　固有机械特性曲线

1. 转矩特性表达式及曲线

$$T_e = \frac{3p}{2\pi f_1} \times \frac{U_1^2 \dfrac{R_2'}{s}}{\left(R_1 + \dfrac{R_2'}{s}\right)^2 + (X_{1\sigma} + X_{2\sigma}')^2}$$

其中，R_2' 为转子侧电阻折算值；U_1 为定子侧电源电压；p 为电动机极对数。

2. 最大转矩 T_{max}

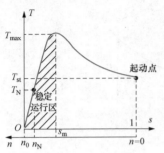

图 4.11 异步电动机转矩——
转差率特性曲线

异步电动机转矩—转差率特性曲线如图 4.11 所示。最大转矩对应的转差率 s 称为临界转差率 s_m，可以通过 $dT_e/ds=0$ 求得，

$$T_{max} = \frac{3p}{4\pi f_1} \times \frac{U_1^2}{R_1 + \sqrt{R_1^2 + (X_{1\sigma} + X_{2\sigma}')^2}}$$

忽略定子电阻：

$$T_{max} = \frac{3p}{4\pi f_1} \frac{U_1^2}{X_{1\sigma} + X_{2\sigma}'} \propto \left(\frac{U_1}{f_1}\right)^2$$

最大转矩是电动机本身的性能参数，与外加负载大小无关，仅与相关电动机参数有关：①与电压的平方成正比；②与转子是否串电阻无关；③与频率的平方近似成反比；④与漏电抗近似成反比；⑤与带负载大小无关。

$$s_m = \frac{R_2'}{\sqrt{R_1^2 + (X_{1\sigma} + X_{2\sigma}')^2}} \approx \frac{R_2'}{X_{1\sigma} + X_{2\sigma}'} \approx \frac{R_2'}{2\pi f_1 (L_{1\sigma} + L_{2\sigma}')}$$

忽略定子电阻时，临界转差率：①与电压大小无关；②与转子电阻成正比；③与频率近似成反比；④与漏电抗近似成反比；⑤与带负载大小无关。

3. 过载能力

异步电动机的过载能力：最大电磁转矩与额定电磁转矩的比值称为过载能力。

$$k_m = \frac{T_{max}}{T_N}$$

一般，三相异步电动机的 $k_m = 1.6 \sim 2.2$，起重、冶金用的异步电动机 $k_m = 2.2 \sim 2.8$。这样，当电压突然降低或者负载转矩突然增大，电动机转速变化不大。

4. 起动转矩 T_{st}

电动机刚起动（$n=0$，$s=1$）时的转矩称为起动转矩，起动转矩是与电动机参数相关的特性，与转子所带负载无关。

$$T_{st} = \frac{3p}{2\pi f_1} \times \frac{U_1^2 R_2'}{(R_1 + R_2')^2 + (X_{1\sigma} + X_{2\sigma}')^2}$$

可见 T_{st} 与 U_1^2 及 R_2' 有关。当电源电压 U_1 降低时，起动转矩会减小。当转子电阻适当增大时，起动转矩会增大。

起动转矩的影响因素：①与电压的平方成正比；②与转子串电阻有关，串入适当的电阻后，起动转矩变大；③频率越高，起动转矩越小；④漏抗越大，起动转矩越小；⑤与带负载无关。

4.5.2 人为机械特性

1. 降低定子端电压

由于不能让电动机进入饱和区，因此只能降低端电压。改变电压时，最大转矩与电压平方呈正比关系，要下降，机械特性变软；最大转矩对应的转差率，即临界转差率 s_m 与电压无关。因此，如图 4.12 所示，为降低定子端电压的人为机械特性。

若电动机拖动负载为 T_L 不变，电压降低时，异步电动机转速下降，定子电流增大。

使用场合：负载处于轻载时，降低电压可以降低铁耗。

2. 绕线转子异步电动机转子回路串三相对称电阻的人为机械特性

串入电阻后并不改变电动机的最大转矩，但会使机械特性变软。如图 4.13 和图 4.14 所示，串入适当的电阻时，可以使起动转矩等于最大转矩，此时 $s_m = 1$。但如果再增加所串电阻值，起动转矩反而减小。因此，要使起动转矩增大，并不是串入的电阻越大越好，而是有一个限度。

当 $R_2' + R_{\text{串}}' < X_{1\sigma} + X_{2\sigma}'$ 时，串入的电阻越多，起动转矩越大；当 $R_2' + R_{\text{串}}' > X_{1\sigma} + X_{2\sigma}'$ 时，串入的电阻越多，反而使起动转矩变小。

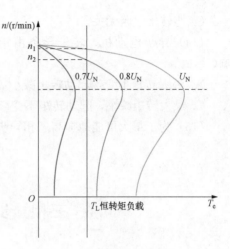

图 4.12　改变定子电压 U_1 的
人为机械特性

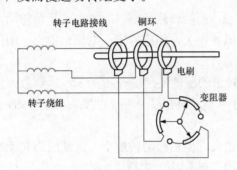

图 4.13　绕线转子异步电动机
转子串电阻功能结构图

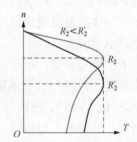

图 4.14　转子回路串三相对称
电阻的人为机械特性

使用场合：需要提高起动转矩（即堵转转矩）的场合。

4.5.3　机械特性实用公式

为了方便工程上的实际应用计算，当已知电机的额定运行参数时，可以采用实用计算公式来计算异步电动机不同运行状态下的转矩。实用计算公式：

$$\frac{T_e}{T_{\max}} = \frac{2}{\dfrac{s}{s_m} + \dfrac{s_m}{s}}$$

稳定运行，$s \ll s_m$ 时，可以忽略 $\dfrac{s}{s_m}$，则转矩公式线性化 $T_e = \dfrac{2T_{\max}}{s_m} \cdot s$ 更方便使用。

课堂练习

（13）（多选）对于异步电动机的最大电磁转矩说法，正确的是（　　）。

A. 与电源频率无关　　　　　　　B. 与电源相电压的平方成正比

C. 与转子电阻无关 　　　　　　 D. 与负载大小无关

（14）异步电动机，转子导条由铝导条换为铜导条后，对起动转矩和最大转矩的影响（　　）。

A. 最大转矩不变，起动转矩减小 　　 B. 最大转矩不变，起动转矩增大

C. 最大转矩减小，起动转矩不变 　　 D. 最大转矩增大，起动转矩减小

（15）为了最大可能地提高三相异步电动机的起动转矩，在转子上串入的电阻越大越好。（　　）

A. 正确 　　　　　　　　　　　　 B. 错误

4.6　三相异步电动机的起动　A 类考点

4.6.1　起动要求及起动时的状态

起动必须满足的条件：起动电流要足够小，以避免对电网产生大的冲击；起动转矩要足够大，能够将负载拖动起来。

电动机在起动瞬间，转子尚处于静止状态，而旋转磁场则以 n_s 的转速开始转动，此时磁力线切割转子导体的速度很快，产生的转子电流很大，相应的定子电流也很大。因此起动时的问题是起动电流太大。

起动时的主磁通变化：起动时，$s=1$，转子的漏抗 $X_{2s}=2\pi f_2 L_2=sX_2$ 达到最大。转子侧阻抗压降比例增加，约为定子侧阻抗压降的一半，根据 $U_1 \approx 4.44fN_1 k_{w1} \varPhi_m$ 可知，起动时，主磁通将显著减小，约为空载时的 50%。

起动转矩小的原因：起动时，起动电流很大，但是起动转矩小。这是因为起动时主磁通下降，且起动时功率因数很低，正是这两个因素的作用，根据 $T_e=C_T \varPhi_m I_2 \cos\varphi_2$ 可知，即使电流 I_2 很大，但是起动转矩并不大。

如图 4.15 所示，起动时代表机械功率的电阻为零，相当于短接，起动电流就等于端口电压除以电动机本身看进去的内阻抗。忽略励磁阻抗的影响，起动电流可近似表示为

$$I_{st} = \frac{U_1}{\sqrt{(R_1+R_2')^2+(X_{1\sigma}+X_{2\sigma}')^2}} = \frac{U_1}{|Z_k|}$$

电动机内部相当于短路，因此起动电流很大。根据起动电流计算公式可知，降低起动电流的方法包括以下两方面：①降低起动电压；②转子串电阻。

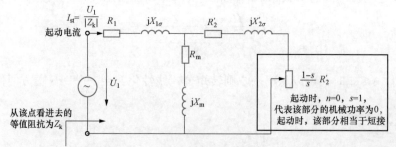

图 4.15　异步电动机起动电流计算图

4.6.2 直接起动

一般地，容量较小的异步电动机由于起动电流相对较小，对电网的冲击不大，可直接起动。

4.6.3 降压起动

无论哪种降压起动，起动转矩与起动电压的平方成正比，起动转矩都会相应地降低，因此，降压起动只适用于轻载或者空载的场合。

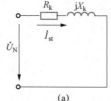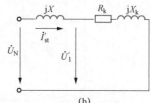

图 4.16 定子串电抗器起动时的等效电路

1. 定子串接电抗器起动

图 4.16 所示，三相异步电动机定子串电抗器起动，起动时电抗器接入定子电流；起动后，切除电抗器，进入正常运行。串电抗器后，加在电动机阻抗 Z_k 上的电压为 U_1'，定子侧实际所加电压降低。

2. 星形 - 三角形（Y - △）换接起动

（1）定子每相绕组上的电压降到正常工作电压的 $1/\sqrt{3}$。

（2）定子侧线电流（即起动电流 I_{st}），Y 形起动的电流为 △ 形起动电流的 $1/3$。

当定子绕组为星形联结，即降压起动时，

$$I_{LY} = I_{PY} = \frac{U_L / \sqrt{3}}{|Z|}$$

当定子绕组为三角形联结，即直接起动时

$$I_{L\triangle} = \sqrt{3}\, I_{P\triangle} = \sqrt{3}\, \frac{U_L}{|Z|}$$

所以得到

$$I_{LY} = \frac{1}{3}\, I_{L\triangle}$$

由于转矩和电压的平方成正比，因此起动转矩也减小到直接起动时的 $1/3$。因此 Y - △ 换接起动只适应于空载或轻载时起动。Y - △ 起动接线原理如图 4.17 所示。

3. 自耦变压器降压起动

自耦变压器的变比为 k（为匝数 N_1 与 N_2 之比），则经自耦变压器降压起动后，自耦变压器高压侧所提供的电流、电动机的起动转矩与自耦变压器变比 k 的关系为

$$I_{stk} = \left(\frac{1}{k}\right)^2 I_{st}, \quad T_{stk} = \left(\frac{1}{k}\right)^2 T_{st}$$

串自耦变压器起动如图 4.18 和图 4.19 所示，其与 Y - △ 起动相比：

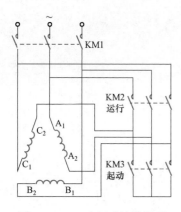

图 4.17 Y - △ 起动接线原理

（1）优点：起动转矩调节更加灵活，通过调节 k，当 $\dfrac{1}{k}$ 较大时，可以拖动较大的负载起动。

（2）缺点：自耦变压器体积大，价格高。一般用在大容量笼型异步电动机上。

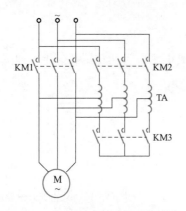

图 4.18　自耦降压起动接线原理图

图 4.19　串降压自耦变压器起动一相电路

4.6.4　转子串接电阻起动

1. 使用在重载或满载时起动

绕线转子异步电动机只要在转子电路中串接适当大小的起动电阻，就可以达到减小起动电流的目的，同时还增大了起动转矩。

如图 4.20 所示，适当串入电阻可以增加起动转矩的原因：转子串入起动电阻后，转子侧的功率因数提高了，且串入电阻后，起动电流降低，定子侧阻抗压降小，主磁通变大。根据 $T_e = C_T \Phi_m I_2' \cos\varphi_2$ 可知，转子串电阻可以使起动转矩变大。

2. 串频敏变阻器起动

电流频率高时，阻抗值也高，电流频率低时，阻抗值也低。如图 4.21 所示，频敏变阻器的这一频率特性非常适合于控制异步电动机的起动过程。

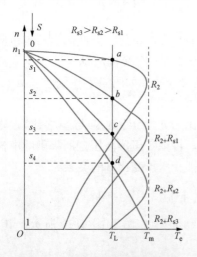
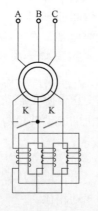
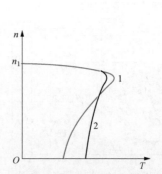

图 4.20　异步电动机串电阻起动

图 4.21　异步电动机串频敏变阻器起动

4.6.5　深槽和双笼异步电动机

1. 深槽感应电动机

起动时，转子电流的频率为 50Hz，频率较运行时高得多，利用这个特点，将转子槽做的深而窄，利用起动时槽漏磁在导条内所产生的电流集肤效应来增加起动时转子的电阻。图 4.22 中，起动时，由于集肤效应，大部分电流集中到导条上部，相当于导条的有效截面积减小，从而使转子的有效电阻增大，可以获得较大的起动转矩，其频率越高，槽型越深，集肤效应就越显著。运行时，由于转子频率很低（1～3Hz），因此转子漏抗变小，集肤效应基本消失，导条的电阻变小。深槽电动机跟普通电动机的区别就是它的转子参数（有效电阻、漏电抗）不是常数，而是随着转差率的变化而发生变化。

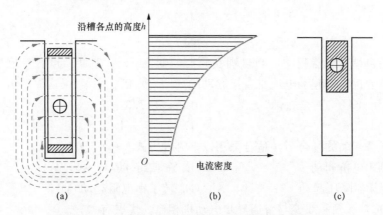

图 4.22　深槽笼型异步电动机转子导条的集肤效应

2. 双笼型异步电动机

转子上有两套笼型绕组，如图 4.23 所示，上笼的电阻大，用黄铜或青铜制造。下笼电阻小，用紫铜制造。起动时，转子电流频率高，由于集肤效应，因此电流多集中在上笼中，这时可以依靠上笼较大的电阻产生较大的起动转矩，正常运行时，转子电流频率低，上、下笼的电流分配主要取决于电阻，这时电流集中于电阻较小的下笼中。因此，上笼称为起动笼，下笼称为运行笼。在设计时，可以改变上、下笼的几何尺寸和材料，灵活改变上、下笼的参数，从而实现各种起动和运行性能的配合，满足不同负载的需要。

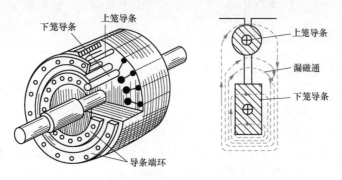

图 4.23　双笼型异步电动机的转子结构及槽型

4.6.6 软起动技术

软起动是指电动机在起动过程中利用电力电子技术，使电源装置输出的电压由起始电压逐步平滑地升到额定电压，其转速随控制电压变化由零平滑地加速至额定转速的过程。

异步电动机的软起动技术成功地解决了交流异步电动机起动电流大、线路电压降落大、电力损耗大及对传动机械带来较大冲击力的问题。

课堂练习

(16) 采用 Y - △ 起动，起动电流是直接起动的（　　）倍，起动转矩是直接起动的（　　）倍。

A. $1/3$　　$1/3$ 　　　　　　　　　　B. $1/\sqrt{3}$　　$1/\sqrt{3}$

C. 3　　3 　　　　　　　　　　　　　D. $\sqrt{3}$　　$\sqrt{3}$

(17) 采用自耦变压器起动，当自耦变压器的变比 $k = 1.3$ 时，起动转矩是直接起动的（　　）倍，电源提供的起动电流是直接起动的（　　）倍。

A. 1.3^2　　1.3^2 　　　　　　　　B. 1.3　　1.3

C. $1/1.3$　　$1/1.3$ 　　　　　　　　D. $1/1.3^2$　　$1/1.3^2$

(18) 在重载起动的场合下，适合采用以下哪种方式？（　　）

A. 定子侧串电抗起动 　　　　　　　　B. Y—△ 起动

C. 自耦变压器降压起动 　　　　　　　D. 转子串电阻起动

(19) （多选）深槽和双笼与普通异步电动机相比，优点有（　　）。

A. 起动电流小 　　　　　　　　　　　B. 起动电流大

C. 起动转矩小 　　　　　　　　　　　D. 起动转矩大

4.7　三相异步电动机的调速　A 类考点

在生产过程中，对电动机的转速会有不同的要求。根据转差率公式，得

$$n = (1-s)\,n_s = (1-s)\,\frac{60\,f_1}{p}$$

可见，改变电动机的转速有 3 种可能，即改变电源频率 f_1、极对数 p 及转差率 s。

4.7.1　变频调速——改变 f_1

应用范围：适用于笼型和绕线转子异步电动机。

变频器一般由整流器和逆变器两大部分组成。整流器先将频率为 $50\,\mathrm{Hz}$ 的三相交流电变换为直流电，再由逆变器变换为频率 f_1、电压 U_1 可调的三相交流电，供给三相笼型异步电动机，由此可得到电动机的无级调速。

变频调速的范围广、性能好，节能效果明显，因此变频调速应用越来越广。

预备知识：主磁通 Φ 变化对电动机运行的影响如下。

(1) 主磁通 Φ_m 增加时，引起磁路过分饱和，①励磁电流增加；②功率因数下降；③铁芯过热。

（2）主磁通 Φ_m 减小时，根据 $T_e = C_T \Phi_m I_2' \cos\varphi_2$ 可知，相同转矩下，产生同样大小的电磁转矩需要更大的转子电流，造成①转子损耗增加，效率降低；②电动机容量不能得到充分利用，最大转矩下降，过载能力变差。

1. 频率下调时

即 $f < 50\text{Hz}$，属于恒磁通调速，适合恒转矩调速场合。

（1）变频调速基本要求：$U_1 / f_1 =$ 常数，三相异步电动机的定子相电压 $U_1 \approx 4.44 f_1 N_1 k_{w1} \Phi_m$，在调压时主磁通 Φ_m 不能过饱和，因此在调节频率时一定要调压，并保持 $U_1 / f_1 =$ 常数。

（2）变频调速曲线：虚线为忽略定子电阻的调速曲线。

$$\Phi_m = \frac{U_1}{4.44 f_1 N_1 k_{w1}} = \frac{U_1}{f_1} \cdot \frac{1}{4.44 N_1 k_{w1}}$$

根据最大转矩公式，若电压和频率按比例调节，保持主磁通 Φ_m 不变，则最大转矩保持不变，适合恒转矩负载情况。三相感应电动机的转矩特性曲线如图 4.24（a）所示。

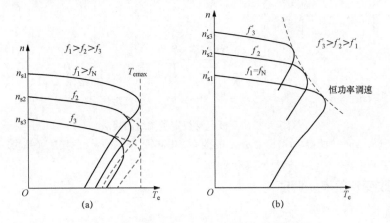

图 4.24　变频调速时，异步电动机的机械特性

（a）频率下调时（$\dfrac{U_1}{f_1} =$ 常数）；（b）频率上调时（$U = U_N$）

2. 频率上调时

即 $f > 50\text{Hz}$，主磁通下降，适合恒功率调速场合。

根据公式 $U_1 \approx 4.44 f_1 N_1 k_{w1} \Phi_m$ 可知，若要 $U_1 / f_1 =$ 常数，则端口电压 U_1 应该往上调，必将大于额定电压，这是不允许的。因此频率上调时，维持端口电压 U_N 不变。

频率上调后，额定转速上升，但根据 $T_e = C_T \Phi_m I_2' \cos\varphi_2$ 可知，电动机额定转矩要下降。三相感应电动机的转矩特性曲线如图 4.24（b）所示，可以证明：输出的电磁功率可以保持不变，所以这种情况适合恒功率调速。

4.7.2　变极调速——改变 p

应用范围：只能在笼型异步电动机上使用。

根据式 $n_s = 60 f_1 / p$ 可知，如果极对数 p 增加，则旋转磁场的转速 n_s 降低，正常运行时转子转速 n 接近旋转磁场转速，因此改变 p 可以得到不同的转速。

由于笼型异步电动机的转子极对数自动与定子匹配，因此只能用在笼型异步电动机上。

绕线转子极对数是固定的，同时改变定、转子极对数很难实现，而仅改变定子极对数则无法做到与极对数相匹配，因此不能采用变极调速。

改变定子绕组极对数的方法：在定子槽里放两套极对数不一样的独立绕组，而每套独立绕组可通过改变联结方法，使一相绕组每组线圈中有一组电流反向流通，即得到不同的极对数。图 4.25 中，当为（a）图连接时，极对数为 $p=2$，转子转速接近 1500r/min，而无论采用图（b）或者图（c）的接法，只要改变 A2X2 电流的流向，就可以形成极对数 $p=1$ 的磁场，按这种接法，转子转速接近 3000r/min。

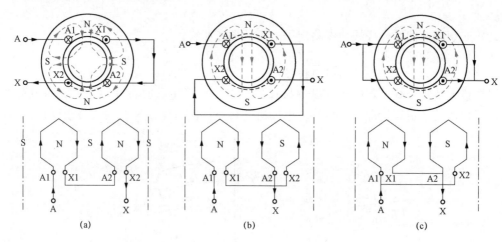

图 4.25　变极电动机定子绕组的接法

（a）$2p=4$ 的接法；（b）$2p=2$ 的接法（串联）；（c）$2p=2$ 的接法（并联）

4.7.3　改变转差率 s 调速

1. 降压调速

应用范围：适用于笼型和绕线转子异步电动机。

图 4.26 中 T_{L1} 为恒转矩负载，T_{L2} 为风机负载。当降低定子端电压时都可以实现调速，但这种调速方式对于风机负载调速范围较宽，对于恒转矩负载调速范围较窄，且调压设备比变频设备便宜得多。这种调速方法效率低，因此这种调速方式一般用在小功率风机负载上。

2. 串电阻调速

应用范围：只能在绕线转子异步电动机上使用。

图 4.27 中，只要在绕线转子异步电动机电路中接入一个调速电阻，改变电阻的大小，就可以改变其机械特性曲线，实现调速，且由于所串的电阻本身是需要消耗热功率的，因此带恒转矩负载时若增大所串的电阻，则转差率 s 增大，转速 n 下降。可以证明，速度下降所减小的机械功率刚好等于所串电阻消耗的热功率。因此，从定子侧输入的功率不变、功率因数不变。恒转矩负载，串电阻调速时，定、转子电流不变，定子侧功率因数不变，转子侧功率因数不变，且有 $\dfrac{R_2}{s}=\dfrac{R_2+R_{串}}{s'}$。

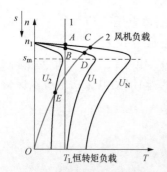

图 4.26　改变异步电动机
定子电压调速

这种调速方法的优点是设备简单、投资少，但能量损耗较大。

3. 串级调速

转子带变频器的串级调速系统如图 4.28 所示。

应用范围：只能在绕线转子异步电动机上使用。

优点：与串电阻调速相比，可以将所串电阻上消耗的能量反馈回电网，提高了机械效率。对于大功率能量消耗大的电动机尤其适用。

实现方式：如图 4.29 所示，该调速方式中包含一个与转子串联的变频装置。该装置包括一个不可控的整流器和一个可控的逆变器。通过逆变器导通角的控制，实现u_i大小的控制，进一步实现转子侧反电动势E_{2s}的控制，由于$E_{2s}=sE_2$，从而实现了调速的目的。

由于转子电路中的整流器是不可控的，转差功率的传递为单方向，只能由转子反馈给电网，因此电动机的转速只能在低于同步转速范围内进行调节。

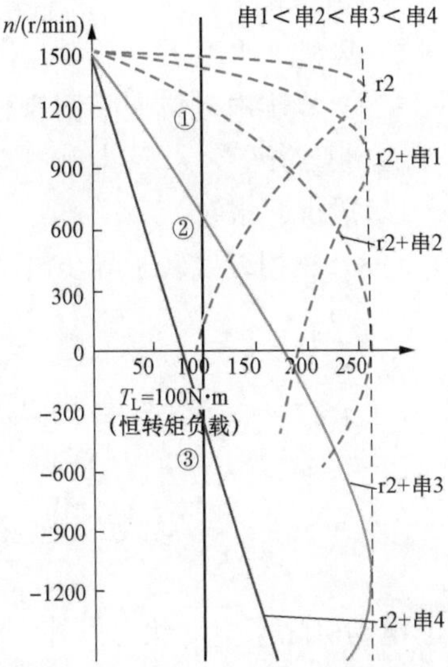

4. 双馈调速

应用范围：只能在绕线转子异步电动机上使用。

图 4.29 中，三相交流电源经过变压器之后，再经过交—交变频器把工频转变为转差频率。此变频器的频率、幅值、相位和相序都可以调节，转差功率的传递方向也可以调节。

图 4.27 转子回路中串电阻调速

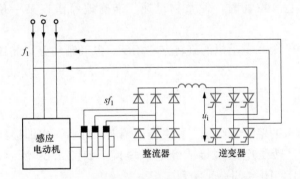

图 4.28 转子带变频器的串级调速系统

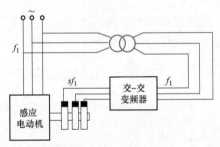

图 4.29 双馈电机示意图

当转子转速低于同步转速时为电动机，此时转子的转差功率由变频器回馈给电网。调节变频器的输出频率，电动机的转速就会发生改变；当变频器的频率调节到 0 时，变频器将向转子输出直流，此时电动机将在同步转速下运行，改变变频器输出电压的相序，此时转差功率反向，转子从电网吸收功率，此时电动机变为发电机。

功能：可以将电机运行在电动机或者发电机状态；可以改变电动机定子侧的功率因数。

课堂练习

(20) 绕线转子感应电动机，转子电阻为R_2，带恒转矩负载，额定运行时，转速为 980r/min，当转子侧串入的电阻$R_{串}=2R_2$时，新的转速为（　　）。

A. 1000r/min　　　　B. 980r/min　　　　C. 960r/min　　　　D. 940r/min

（21）异步电动机变频调速时，当定子侧电源频率从 50Hz 向下调时，适合（　　　）负载。

A. 恒转矩 　　　　　　　　　　　B. 恒功率

C. 风机、水泵 　　　　　　　　　D. 都不适合

（22）异步电动机变频调速时，当定子侧电源频率从 50Hz 往上调时，适合（　　　）负载。

A. 恒转矩 　　　　　　　　　　　B. 恒功率

C. 风机、水泵 　　　　　　　　　D. 都不适合

（23）三相绕线转子异步电动机带恒转矩负载，串电阻调速时，所串电阻越大，定子电流（　　　）。

A. 越大 　　　　　　　　　　　　B. 越小

C. 不变 　　　　　　　　　　　　D. 视情况而定

4.8　三相异步电动机的制动　A 类考点

电动机除了电动状态以外，在下列情况下运行时，属于电动机的制动状态。

（1）在负载转矩为位能性负载的机械设备中，使设备保持一定的运行速度（如起重机下放重物）。

（2）在机械设备减速或停止时，电动机实现减速或停止。

三相异步电动机的制动方法有机械制动和电气制动两种。

机械制动是指三相异步电动机切断电源后，利用机械装置使电动机快速停转。应用较普遍的是电磁抱闸，主要应用在起重机械上吊重物时，使重物迅速、准确地停留在某一位置处。

电气制动是指三相异步电动机的电磁转矩和电动机的旋转方向相反。电气制动分为能耗制动、反接制动和回馈制动。

4.8.1　三相异步电动机的能耗制动

实现的方法：将运行的三相异步电动机的定子绕组从三相交流电源上断开后，立即接到直流电源上，转子电路短接或经电阻短接。如图 4.30 所示，通过断开 SB1、闭合 SB2 来实现。

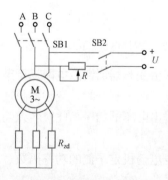

图 4.30　电气接线图

能耗制动工作原理如图 4.31 所示，当定子绕组通入直流电源时，在电动机中将产生一个恒定的磁场，转子因惯性继续旋转时，转子导体切割恒定磁场。根据右手定则，在转子绕组中将产生感应电动势和感应电流，转子感应电流和恒定磁场作用，产生电磁力和电磁转矩，该电磁转矩为制动转矩。在制动转矩的作用下，转子转速下降，当 $n=0$ 时，电磁转矩 $T_e=0$，制动过程结束。这种方法将转子的动能转变为电能，消耗在转子回路的电阻上，所以称为能耗制动。

对于能耗制动的三相异步电动机，既要求其有较大的制动转矩，又要求定子、转子回路中的电流不能太大，以免使绕组过热，故需要在转子回路中串入电阻。能耗制动的优点是制动力强，制动较平稳，可以实现准确停车；缺点是需要一套专门的直流电源供制动使用。

4.8.2　三相异步电动机电源反接制动：反接正转

实现的方法：改变电动机定子绕组与电源的连接相序，如图 4.32 所示，即断开 SB1，接通 SB2。电源相序改变，旋转磁场立即反向，使转子绕组中的感应电动势、感应电流及电磁转矩的方向改变。但由于机械惯性，转子的转向没有改变，使得电磁转矩和转速方向相反，电动机进行制动，这一过程称为电源反接制动。

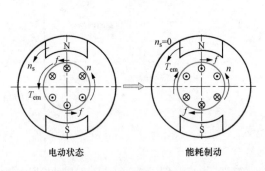

电动状态　　　　　能耗制动

图 4.31　能耗制动工作原理图

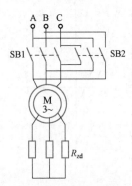

图 4.32　绕线式异步
电动机电源反接接线图

电源反接制动机械特性曲线如图 4.33 所示，曲线 1 为正序电源对应机械特性，曲线 2 位负序电源对应的机械特性，若同时转子电路串入电阻R_{zd}，则其机械特性为曲线 3。T_e 与 n 方向相反，为制动转矩。

4.8.3　三相异步电动机倒拉反转制动：正接反转

实现的方法：当绕线转子异步电动机拖动位能性负载时，在其转子回路中串入很大的电阻，其机械特性如图 4.34 所示。当电动机提升重物时，其工作点在曲线 1 的 A 点。如果在转子回路串入很大的电阻，机械特性曲线变为曲线 3，最终稳定工作点为 D 点。此时转速反向，电磁转矩和电动时一样，没有反向，实现了制动状态，因为这是由重物倒拉引起的，故称为倒拉反转制动。此时转差率 $s = \dfrac{n_s - (-n)}{n_s} > 1$，处于电磁制动状态。

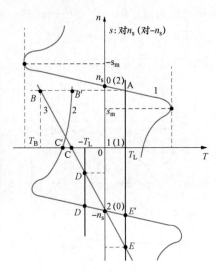

图 4.33　电源反接的机械特性曲线

绕线转子异步电动机倒拉反转制动常用于起重机低速下放重物。

4.8.4　三相异步电动机的回馈制动

三相异步电动机在调速过程中，或者起重机下放重物过程中，当转速超过旋转磁场的同步转速时，就出现了回馈制动过程。其当起重机开始下放重物时，$n < n_s$，电动机处于电动

机状态；在位能性负载的作用下，最终稳定运行的转速为 B 点的速度，此时，$n > n_s$，使得 $s < 0$，电动机将机械能转变为电能输送给电网，称为回馈制动，其机械特性如图 4.35 所示。为了限制下放速度，转子回路不应串入过大的电阻。

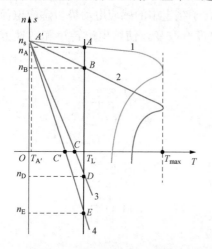 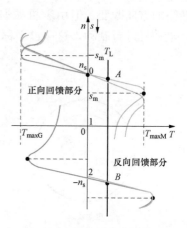

图 4.34　绕线转子异步电动机倒拉反接制动机械特性　　　图 4.35　三相异步电动机回馈制动机械特性

4.9　三相异步电动机的工作特性　B 类考点

如图 4.36 所示，三相异步电动机的工作特性是指在电动机的定子绕组加额定电压，且电压的频率恒定时，电动机的转速、定子电流、功率因数、电磁转矩、效率随输出功率 P_2 的变化。

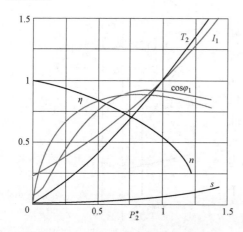

图 4.36　三相异步电动机的工作特性

1. 转速特性 $n = f(P_2)$

异步电动机空载时转速约等于磁场的同步转速。所带负载越重时，转速越小，转差率越大。

2. 定子电流特性 $I_1 = f(P_2)$

随着负载的增加，转子电流增大，定子侧电流越大。

3. 定子侧功率因数 $\cos\varphi_1 = f(P_2)$

三相异步电动机运行时，必须从电网吸收滞后的无功功率，功率因数永远小于 1。空载时，从电网吸收的无功功率主要用来建立主磁场，有功功率消耗很小，功率因数很低。随着负载的增大，定子电流中的有功分量增加，功率因数增大。额定负载时，功率因数最高。如果负载进一步增大，功率因数又降低。

4. 电磁转矩特性 $T_e = f(P_2)$

稳态运行时，电磁转矩 T_e 为

$$T_e = T_0 + T_2 = T_0 + \frac{P_2}{\Omega}$$

由于空载转矩可认为不变，从空载到额定负载时，电动机的转速变化也很小，故 $T_e=f(P_2)$ 近似为一条直线。

5. 效率特性 $\eta=f(P_2)$

当电动机空载时效率为 0，随着负载的增加效率升高。当不变损耗等于可变损耗时，效率最大。如果负载进一步增加，效率反而降低。异步电动机，一般在 $P_2=0.75\sim1.0P_N$ 时效率最高。一般电动机容量越大，效率越高。

课堂练习

（24）三相异步电动机定子侧的功率因数是常数，与输出功率无关。（　　）

A. 正确　　　　　　　　　　　　B. 错误

（25）三相异步电动机的不变损耗等于可变损耗时，电动机的效率最大。（　　）

A. 正确　　　　　　　　　　　　B. 错误

4.10　三相异步电动机的不正常运行　C 类考点

4.10.1　运行电压对异步电动机运行的影响

（1）当 $U>U_N$ 时，即过电压运行时，根据 $U_1\approx4.44fN_1k_{w1}\Phi_m$ 可知，主磁通增加，磁路饱和增加。导致电动机励磁电流增加，功率因数下降，铁耗增加。

（2）当 $U<U_N$ 时，即欠电压运行时，根据 $U_1\approx4.44fN_1k_{w1}\Phi_m$ 可知，主磁通减小，励磁电流减小，铁耗减小。带恒转矩负载时，新的平衡下转子转速降低，转差率变大，转子电流变大。因此，当异步电动机处于欠电压运行时的结论：主磁通减小，转速降低，转子电流增加，定子电流增加，电动机绕组过热。

4.10.2　电网负序分量对异步电动机运行的影响

负序分量产生的旋转磁场与电动机旋转的磁场方向相反，因此：①在电动机转子上会感应出较大的负序电流，增加了转子铜耗和铁耗，电动机过热。②产生反向制动性质的转矩，电动机性能下降。

4.10.3　异步电动机定子单相断线

根据旋转磁场理论，可以判断：

（1）无论何种接线的异步电动机，运行时断线依然可以继续运行，但电流变大，电动机过热，甚至会烧毁。

（2）若起动前断线：

1）△接线外部电源断线，不能起动，为脉振磁场。

2）△接线内部绕组断线，可以起动，为椭圆形旋转磁场。

3）Y接线，无论外部电源断线，还是内部绕组断线都不能起动，为脉振磁场。

4）YN接线，无论外部电源断线，还是内部绕组断线都可以起动，为椭圆形旋转磁场。

4.10.4　异步电动机转子断线

异步电动机转子断线：

（1）笼型异步电动机转子侧单根导条断线时，可以起动。

（2）绕线转子异步电动机转子侧单相断线时，不能起动。

课堂练习

（26）异步电动机定子侧一相电源断线，下列说法正确的是（　　）。

A. Y 形接线时，可以正常起动　　　　B. 三角形接线时，可以正常起动

C. YN 接线时，可以正常起动　　　　D. 三角形接线时，起动转矩不为零

（27）感应电动机定子绕组 Y 接线，绕组一相断线时电动机能否起动（　　），电源一相断线时电动机能否起动。（　　）

A. 能、能　　　　B. 能、不能　　　　C. 不能、能　　　　D. 不能、不能

4.11　单相异步电动机　C 类考点

定子单绕组中通入单相交流电后，形成脉动磁场，在家用电器中，都为 220V 单相交流电，因此，需要采取措施使异步电动机旋转起来。

4.11.1　电容分相异步电动机

图 4.37 中，电动机的定子中有两个绕组：一个是工作绕组 $A-A'$，另一个是起动绕组 $B-B'$，两个绕组空间上相差 90°。起动时，$B-B'$绕组经电容接电源，从而使两个绕组的电流在相位上也相差 90°，即可获得圆形旋转磁场。起动完成后，可以切除起动绕组。

改变电容 C 所串的位置即可改变电动机的旋转方向，因此可用于起动转矩大，需要改变转向的家用电器中，如洗衣机。

4.11.2　罩极式异步电动机

图 4.38 中，罩极式单相异步电动机起动转矩小，转向不能改变。常用于小型家用电器，如电风扇、吹风机。

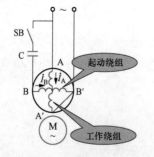

图 4.37　电容分相异步电动机

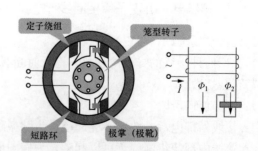

图 4.38　罩极式异步电动机

参 考 文 献

［1］李永刚，李俊卿，孙丽玲．电机学［M］．北京：中国电力出版社，2023.

［2］潘龙德．电气运行：电厂及变电站电气运行专业［M］．北京：中国电力出版社，2002.

［3］范绍彭．电气运行［M］．北京：中国电力出版社，2005.

［4］阎治安，崔新艺，苏少平．电机学［M］．西安：西安交通大学出版社，2022.

［5］汪国良，电机学［M］．北京：中国电力出版社，2005.

［6］李发海，朱东起．电机学［M］．北京：科学出版社，2016.

［7］戈宝军，梁艳萍，温嘉斌．电机学［M］．北京：中国电力出版社，2016.

［8］汤蕴璆，徐德淦．电机学［M］．北京：机械工业出版社，2014.